最初からそう教えてくれればいいのに！

図解！ Pythonの

ツボとコツが
ゼッタイに
わかる本

「プログラミング実践編」

立山 秀利 著

秀和システム

ダウンロードファイルについて

　本書での学習を始める前にサンプルファイル一式を、秀和システムのホームページから本書のサポートページへ移動し、ダウンロードしておいてください。ダウンロードファイルの内容は同梱の「はじめにお読みください.txt」に記載しております。

秀和システムのホームページ

　ホームページから本書のサポートページへ移動して、ダウンロードしてください。
　URL　https://www.shuwasystem.co.jp/

はじめに

　最近はAI（Artificial Intelligence：人工知能）がすっかり身近になりました。スマートフォンの顔認識、ショッピングサイトのオススメ商品をはじめ、日常のさまざまなシーンで使われています。

　AIのプログラムを開発するための主流となっている言語がPythonです。AIのみならず、写真の加工やファイルの整理など、仕事やプライベートでのちょっとしたパソコン作業を自動化したり、蓄積されたデータを分析して傾向を読み取ったりなど、Pythonの活躍の場はますます広がっています。そういったPythonのプログラムには、あたりまえかもしれませんが、フクザツな機能が必要です。

　本書は、Pythonの一歩進んだフクザツな機能のプログラムを作れるようになるための本です。2020年2月刊行の拙著『図解！Pythonのツボとコツがゼッタイにわかる本　"超"入門編』（以下、前著）の続編であり、Pythonの入門を果たした読者の方が次のステップとして学んでほしい内容が詰まっています。

　フクザツなプログラムを作れる力を、挫折することなく短期間で身に付けられる一冊です。前著と同じく、初心者は何がどうわからないのか、どうやったら理解できるのかをより突き詰めた結晶を書籍化しました。前著同様に、ほぼ2〜3ページごとに図解や操作画面が入っており、随時プログラムを書いて動かします。そのため、飽きることなくサクサク読み進められ、無理なく理解できるでしょう。

　本書の学習は、2つの実践的なサンプルを1冊かけて順に作り

上げていくスタイルで進めていきます。1つ目は写真の画像ファイルを自動でリサイズするプログラムです。2つ目は簡易的な顔認識のプログラムです。ともに長くても十数行程度の短いコードですが、実践的なプログラミングのエッセンスが満載であり、これらをゼロから書いて完成さえれば、実力がグンとアップします。

また、本書サンプル作成のなかで、ある程度フクザツな機能を備えたプログラムが、シンプルな短いコードで書けてしまうというPythonの魅力も堪能できるでしょう。特に、ちょっとしたAIのプログラムである顔認識が、実質10行も満たないコードで作れてしまう素晴らしさを、実際に体験しながらぜひ実感してください。

本書は加えて、言語の文法やルールといった"知識"よりも、"ノウハウ"を前著同様に重視しています。ノウハウは、見本がないオリジナルのプログラムを自力で作れるようになるために不可欠です。本書はノウハウを体感しつつしっかりと学ぶことで、自力で作れる力を着実に身に付けられます。このようにPythonのより実践的なツボとコツを学べ、実践力をアップできる一冊となっています。

それでは、フクザツな機能のプログラムを作れるよう、Pythonの実践的なプログラミングを学んでいきましょう。

Chapter
03
フクザツな処理の
プログラムを作る
ツボとコツ

Chapter
04

画像を1つリサイズする
処理まで作ろう

Chapter
05
容量が200KB以上なら リサイズする処理まで 作ろう

Chapter
06

複数の画像のリサイズは「繰り返し」と「リスト」がカギ

繰り返しを活用して
サンプル1を
完成させよう

Chapter
08

サンプル1のコードを
カイゼンしよう

Chapter
09
ちょっとした顔認識の プログラムを作ろう

Chapter

01

Pythonで一歩進んだ

自動化をしよう

より実用的なプログラムを Pythonで作ろう！

 フクザツな処理を作る力が必要

　Python（パイソン）は近年人気の高いプログラミング言語です。AI（Artificial Intelligence：人工知能）やビッグデータ分析といった先端分野から、日常の仕事やプライベートでのパソコン作業などの自動化まで、活躍の場はますます広がっています。

　そういった先端分野にせよ、日常のちょっとした作業の自動化にせよ、より実用的なプログラムを作るには、Pythonでよりフクザツな処理を作れるようになる力が欠かせません。

　フクザツな処理とは具体的にどのような処理なのかなど、その全体像は次章で改めて解説します。また、フクザツな処理のプログラムは、具体的にPythonでどう書けばよいのかは、Chapter04から順を追って解説していきます。

AIも身近な自動化もフクザツな処理で実用度UP!

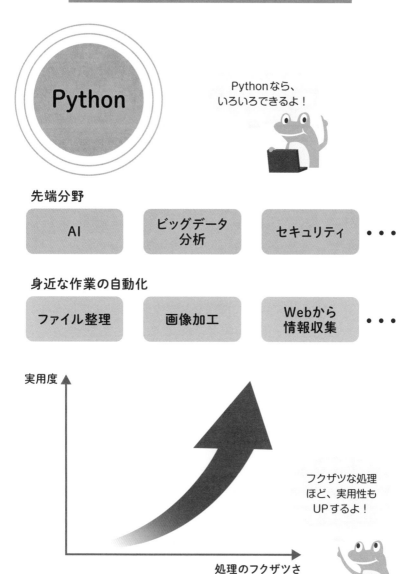

本書で前提とする
Pythonの知識

 これだけの基礎を押さえておこう！　ただし暗記は不要

　本書は「図解！　Pythonのツボとコツがゼッタイにわかる本
"超"入門編」の続編です。同書よりもフクザツな処理を備えた、より
実用的なプログラムを自力で作れるようになる力を身に付けるため、
これから学んでいきます。

　その解説は「"超"入門編」で解説した知識を前提としています。具
体的には右の図のようになります。もし、これらを忘れていたら、
同書もしくは他の書籍やWebサイトで改めて習得しておいてくださ
い。ここで言う習得のレベルは「本やWebを見ながらなら、何とか
プログラムを書ける」で十分です。無理にすぐ暗記する必要はまった
くありません。本やWebを見れば済むものは、堂々と見ればよいの
です。暗記は自分のペースで、無理のない範囲で全く構いません。

　また、Chapter04以降、新たな文法やルール、関数類がいくつも
登場しますが、暗記は一切不要です。Pythonの学習では細かい文法
などの暗記よりも、目的のプログラムをどのように組み立てていく
のか、それぞれの文法などをどのようなシーンでどう使うのか、ど
う組み合わせるのかなど、実践的な内容を体感しつつ身に付けるこ
との方がはるかに大切なので、そちらに重きを置いてください。

本書の学習に必要なPythonの知識

Pythonの基本的な文法・ルール

◉ライブラリ
・import文の書き方

◉関数
・**引数の指定方法**
　カッコ内に記述
　複数ならカンマ区切りで並べる
　引数名なし／ありの両パターン
・**戻り値の使い方**

◉オブジェクト
・**オブジェクトの取得方法**
　専用の関数などで取得
・**メソッドの使い方**
　「オブジェクト.メソッド」の形式で記述
・**メソッドの引数の指定方法**

◉文字列
・**記述方法の基礎**
　「′」で囲む
・**連結**
　+演算子またはos.path.joinなどの関数で連結

◉変数
・**値を入れる方法**
　=演算子による代入
・**入っている値の使い方**
　変数名を記述して参照
・**変数名の付け方のルール**
　使える記号は「_」のみ等

◉コメント
・**記述方法**
　「#」に続けて記述

本書で前提とする Pythonの開発環境

 AnacondaとJupyter Notebookを利用

　本書では前作と同じく、Pythonの開発環境は「Anaconda」(アナ
コンダ)で構築するとします。もし、お手元のパソコンに開発環境
がなければ、以下の手順などを参考に構築しておいてください。プ
ログラミングのツールには、Anacondaに同梱されている「Jupyter
Notebook」(ジュピターノートブック)を使うとします。

❶ Webブラウザーを起動し、下記URLをアドレスバーに入力するなどし
　て、個人向けAnaconda ダウンロードの Web ページを開いてくださ
　い。お使いのOSに応じて「〜 Installer (〜 MB)」をクリックし、イン
　ストーラーをダウンロードしてください。

https://www.anaconda.com/products/individual#Downloads

　なお、URLは予告なく変更される場合があります。その際は
「Anaconda ダウンロード」などのキーワードで検索して、該当の
Webページを開いてください。また、以降の画面の内容も予告なく
変更される場合もあります。その際は画面上の説明などを見て、適
宜操作してください。

Anaconda のダウンロードページ

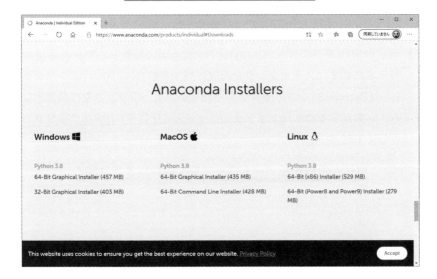

❷ ダウンロードしたインストーラーをダブルクリックして起動してください。ウィザードが起動するので、画面の指示に従ってインストールを行ってください。

Anaconda インストーラーのウィザードの初期画面

❸ インストールが終わったら、[スタート]メニューの[Anaconda3]
→[Jupyter Notebook]をクリックしてください。

❹ 既定のWebブラウザーでJupyter Notebookが起動し、ホーム画面が
表示されます。ノートブックを新規作成するなら、[New]をクリック
し、[Python 3]をクリックしてください。ノートブックを作成済みな
ら、一覧からそのノートブックのファイル（拡張子「.ipynb」）をクリッ
クしてください。

ホーム画面からノートブックを新規作成または開く

❺ ノートブックを開いたら、セルにプログラムのコードを入力して実行
してください。そのために最低限おぼえておく操作方法は以下です。

Jupyter Notebook 使い方の基本

Shift + Enter
でも実行できるよ

◉おぼえること2　実行方法

Run ボタンで実行

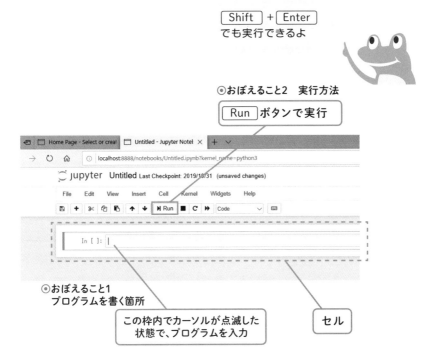

◉おぼえること1
プログラムを書く箇所

この枠内でカーソルが点滅した
状態で、プログラムを入力

セル

セル内の枠内をクリッ
クすれば、カーソルが
点滅するよ

ファイルの置き場所はカレントディレクトリ

　本書でも前作同様に、学習にはサンプルプログラムを用います。その中でファイルを扱うのですが、置き場所はカレントディレクトリを基準とします。具体的には次のフォルダーになります。

Cドライブの「ユーザー」フォルダー以下にある
"ユーザー名"フォルダー

　ここで言う"ユーザー名"とは、ユーザー（パソコンの持ち主）に応じて付けられる名前です。そのため、ユーザー名は人によって異なります。筆者の環境ではユーザー名は「tatey」であり、カレントディレクトリのフォルダー名もその名前になります。読者のみなさんはお手元のパソコンにて、ご自分のユーザー名およびカレントディレクトリをあらかじめ確認しておいてください。

カレントディレクトリの場所

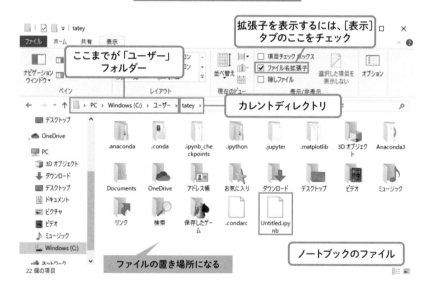

フクザツな処理には、
この仕組みが必要

命令文を「上から並べて書く」の限界

 ## フクザツな処理は「上から並べて書く」以外も必要

　Pythonのプログラムを作成するには、目的の処理を実行できるよう、どのような命令文をどう組み合わせ、どう記述すればよいのか、「処理手順」を考える必要があります。

　処理手順のキホンは、命令文を「上から並べて書く」です。たとえば、手作業で行う操作をそのまま処理手順として、ひとつひとつの操作の処理をPythonの命令文に置き換えます。そのように記述したプログラムを実行すると、命令文が上から順に実行されていき、目的の処理を実行できます。これがプログラミングの大原則です。

　この「上から並べて書く」は、ある程度以上フクザツな機能の処理を作ろうとすると、対応できなくなります。たとえば右の図のような「もし、○○なら〜」といった処理です。これらのような処理を作るには、「上から並べて書く」以外の処理手順も必要となるのです。

　なお、「上から並べて書く」は命令文が上から順に実行される処理の流れであり、専門用語で**順次**と呼ぶ仕組みになります。なお、前作である拙著『図解！　Pythonのツボとコツがゼッタイにわかる本"超"入門編』で登場したプログラムは、すべて順次のみで作れられたものです。

「上から並べて書く」だけではできない例

「もし○○なら〜」という処理は「上から並べて書く」だけでは不可能！

もし、画像の
ファイル容量が
200KB以上なら・・・

リサイズして
小さくしたい！

Pythonのプログラム

上から並べて書く
（順次）だけじゃ、こ
のプログラムを作れ
ないよ

フクザツな処理は「上から並べて書く」以外も必要

フクザツな処理に不可欠な「分かれる」

 「もし○○なら〜」の仕組みは「分岐」で作る

　前節で述べたように、ある程度以上フクザツな処理を作るには、「上から並べて書く（順次）」以外の処理手順も欠かせません。そのためのPythonの仕組みは大きく分けて2つあります。

　1つ目は「分かれる」です。処理の流れが途中で分かれる仕組みになります。もう少し具体的に表すと、指定した条件が成立するかしないかに応じて、異なる処理を実行できる仕組みです。たとえば、前節で例に挙げたように、画像ファイルのサイズが指定した大きさ以上かどうかで、異なる処理を実行できます。他にも、条件が成立する場合のみ、指定した処理を実行することも可能です。

　このような「分かれる」という仕組みは専門用語で**分岐**と呼びます。Pythonには、分岐のための仕組みとして、専用の"文"が用意されています。"文"とは2つ以上の命令文で構成される処理のことですが、その具体的な例や使い方などはChapter04以降で解説します。

処理が途中で分かれる「分岐」

◉分岐の仕組み

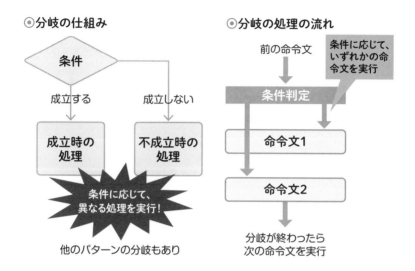

◉分岐の処理の流れ

他のパターンの分岐もあり

◉分岐の文のイメージ

もし〇〇なら、△△を実行する。そうでなければ××を実行する

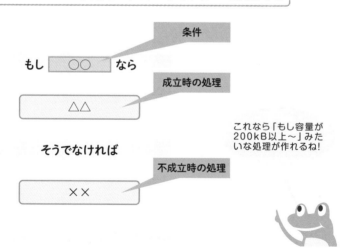

これなら「もし容量が200kB以上〜」みたいな処理が作れるね!

大量の処理は「繰り返す」を使うと格段にベンリ

 同じ処理のコードを書くのは1個だけ

　2つ目の仕組みは「繰り返す」です。指定した処理を指定した回数だけ繰り返すという処理の流れになります。専門用語で「繰り返し」や「反復」や「ループ」などと呼ばれます。本書では**繰り返し**と呼ぶとします。

　たとえば、10枚の画像ファイルをコピーするプログラムを作りたいとします。もし、繰り返しを使わなければ、画像ファイルをコピーする命令文を10個並べて書かなければなりません。これはこれで目的の結果が得られるのですが、10個も書くのは大変です。ましてや、コピーしたい枚数が100枚に増えたら、命令文を100個も書くのは、非常に無理があるでしょう。

　繰り返しの仕組みを使えば、画像ファイルをコピーする命令文そのものは、記述する数はたった1個だけで済みます。あとは「10回繰り返せ」と指定するだけです。そういった繰り返し用の文がPythonに用意されています。何枚コピーしようが3行程度のプログラムで済み、記述が飛躍的にラクになります。

処理を繰り返す「繰り返し」

◉繰り返しの仕組み

命令文

命令文を
繰り返し実行!

◉繰り返しの処理の流れ

前の命令文

〜回戻る

命令文

指定した命令文を
〜回繰り返し実行

繰り返しが終わったら
次の命令文を実行

◉繰り返しの文のイメージ

○○を××回実行する

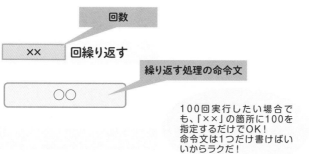

回数

×× 回繰り返す

繰り返す処理の命令文

○○

100回実行したい場合で
も、「××」の箇所に100を
指定するだけでOK!
命令文は1つだけ書けばい
いからラクだ!

変数をもっと活用すると、処理の幅がグンと広がる

 変数でデータを自在に扱いフクザツな処理を作る

　変数のさらなる活用も、フクザツな処理を作るカギのひとつです。変数とはひとことで言えば、「データを入れる"箱"」です。数値や文字列などのデータ（値）を"箱"に入れ、処理に用いるという仕組みになります。

　変数のさらなる活用の一例は、Chapter04以降で具体例を交えつつ解説しますが、プログラムの一連の処理の流れの中で、変数に格納する値を随時変更することです。

　前作では、変数自体は登場しましたが、値を一度格納したら、その後は最後まで変更しませんでした。そうではなく、処理の目的などに応じて、処理の途中で値を適宜変更することで、よりフクザツな処理が作れるようになるのです。

　たとえば、ショッピングサイトの購入の合計額です。合計額の変数を1つ用意しておき、商品をカートに追加する度にその商品の金額を加算していきます。他にも、ブロック崩しゲームの得点なら、得点用の変数を1つ用意しておき、崩したブロックに応じて加算していきます。他にもさまざまな使い方が考えられます。

　変数は初心者にとって少々難しく、実際に使ってみないとなかなかピンとこない仕組みなのですが、使えるようになれば、作ることができる機能の幅がグッと広がります。

変数の値を途中で変更してフクザツな処理を作る

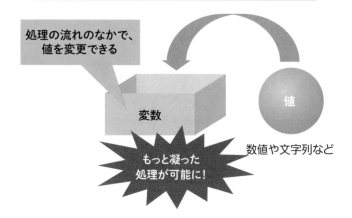

⊙活用イメージ例：　ショッピングサイトのカートの合計額

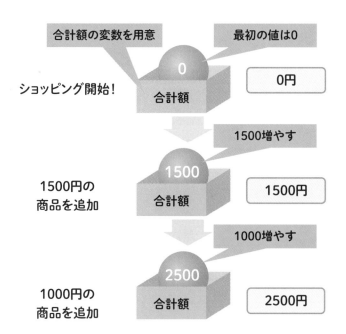

複数のデータをまとめて効率よく扱う

 「繰り返し」と組み合わると効果倍増!

　変数を使ったフクザツな処理をより効率よく作成できる仕組みも、Pythonにはあります。複数のデータをまとめて扱う仕組みです。

　こちらものちほど具体例を交えつつ解説しますが、イメージとしては、変数の"集まり"です。変数はデータを入れる"箱"でした。変数の"集まり"は、その"箱"が複数連なったイメージになります。

　そして、おのおのの"箱"のデータは、「"集まり"の〇番目」という形で扱えます。さらにこの仕組みは、Chapter02-03で取り上げた「繰り返し」と組み合わせると威力を発揮します。のちほど改めて詳しく解説しますので、今の段階では何となくのイメージだけ把握していればOKです。

　また、"集まり"には何種類かバリエーションがあり、処理の内容に応じて適宜使い分けます。本書では、その代表である**リスト**を使います。詳しくはChapter06で解説します。

<u>変数の"集まり"で、複数の値を効率よく扱う</u>

◉変数の集まりで複数の値を効率よく扱う

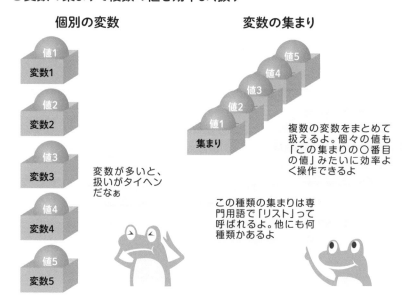

個別の変数

変数の集まり

変数が多いと、扱いがタイヘンだなぁ

複数の変数をまとめて扱えるよ。個々の値も「この集まりの〇番目の値」みたいに効率よく操作できるよ

この種類の集まりは専門用語で「リスト」って呼ばれるよ。他にも何種類かあるよ

◉リストは「クラス名簿」のようなもの

3年A組　名簿	
出席番号	氏名
1	岡本浩二
2	桜井　仁
3	清水知子
4	立山秀利
5	山中裕紀子
：	：

「3年A組」という集まりでまとめて扱えるね

個々の生徒名は「3年A組の出席番号4」みたいに扱えるよね。Pythonのリストも同じだよ

さまざまな仕組みを
いかに組み合わせるか

 フクザツな処理は各仕組みの組み合わせで作る！

　本章でここまで解説したように、順次だけでなく分岐と繰り返しも使うと、命令文を上から順に実行するだけでなく、途中で分かれたり、繰り返したりできるようになり、多彩な処理の流れのプログラムを作れます。

　さらに、その中に変数を組み合わせ、処理の流れの中で値を変化させていきます。加えて、変数の"集まり"なども適宜交えていきます。これらさまざまな仕組みを適宜組み合わせることで、フクザツな処理のプログラムを作っていくのです。これが大切なツボです。

　とはいえ、どの仕組みをどう組み合わせればよいのかは、初心者にはなかなかすぐに考えつかないものです。本書ではChapter04からChapter08にかけて、ある1つのサンプルのプログラムをゼロの状態から作ります。組み合わせの典型例が登場するサンプルです。

　その作成の過程で、組み合わせの考え方や具体的な方法などを解説します。初心者がこのツボを体得するための格好の学習となるでしょう。また、分岐、繰り返し、リストのコードを実際に記述するための文法・ルールも順次解説していきます。

順次と分岐、繰り返し、変数を適宜組み合わせる

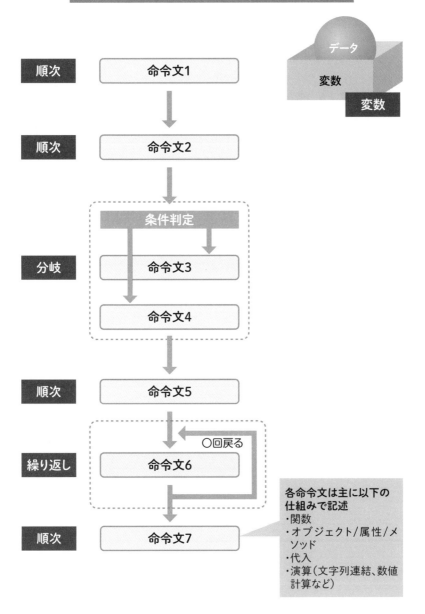

順次　命令文1

データ
変数
変数

順次　命令文2

条件判定

分岐　命令文3

命令文4

順次　命令文5

繰り返し　○回戻る　命令文6

順次　命令文7

各命令文は主に以下の
仕組みで記述
・関数
・オブジェクト/属性/メ
　ソッド
・代入
・演算(文字列連結、数値
　計算など)

既定のブラウザーを確認・変更するには

　Jupyter Notebookが動作する既定のブラウザーはWindowsのOS側で設定されます。Windows 10では「既定のアプリ」画面で確認・設定できます。[スタート]メニューの[設定]（歯車のアイコン）をクリックして「設定」画面を開き、[アプリ]をクリックしたら、続けて左側のメニューから[既定のアプリ]をクリックします。すると、「既定のアプリ」画面に切り替わり、既定のアプリ一覧が表示されます。その中の「Webブラウザー」欄に、現在既定となっているWebブラウザーの名前が表示されます。

「設定」画面の「既定のアプリ」で確認

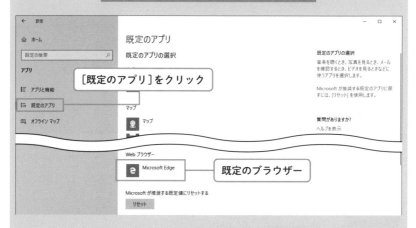

　もし、既定のWebブラウザーを変更したければ、Webブラウザー名の部分をクリックします。ポップアップメニューに設定可能なWebブラウザーが表示されるので、目的のアプリを選びます。

フクザツな処理
のプログラムを
作るツボとコツ

フクザツな処理も「段階的に作り上げる」がキホン

 自力でプログラムを作るために必要なノウハウ

　Pythonのプログラミングでは、文法やルールといった"知識"とともに"ノウハウ"も非常に大切です。ノウハウとは大まかに言えば、知識の使い方です。**順次**と**分岐**、**繰り返し**、**変数**、および各種**関数**や**演算子**などを適宜組み合わせ、目的のプログラムを完成する知恵になります。ノウハウがなく知識だけでは、初心者は見本がないオリジナルのプログラムをゼロの状態から自力で作ることはまずできません。

　ノウハウは何種類かありますが、最も重要なのが「段階的に作り上げる」です。プログラミングでは目的の機能を作るために、たいていは複数の命令文を書くことになります。そうやって作ったプログラムが意図通りの実行結果が得られるか、必ず実際に実行して確認をします。その際、複数の命令文を一気にすべて書いてから、まとめて動作確認したくなるものです。

　段階的に作り上げるノウハウでは、命令文を1つ書いたら、その場で動作確認します。複数の命令文をすべて書いてから、まとめて動作確認するのではなく、1つ書くたびに動作確認する点が大きなポイントです。意図通りの実行結果が得られたら、次の命令文を1つ追加で書き、同様に動作確認します。以降、それを繰り返していきます。

命令文１つ書くたびに動作確認

たとえば、計3つの命令文からなるプログラムを作るなら・・・

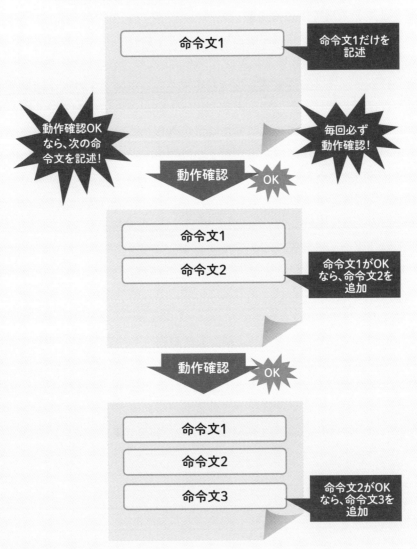

ツボは「誤りは必ずその場で修正」

　もし動作確認して意図通りの実行結果が得られなければ、命令文を必ずその場で修正します。命令文の中から誤り箇所を見つけて、修正したら再び動作確認を行い、意図通り動作することを確認してから、次の命令文を書きます。

　修正後に再び動作確認を行った結果、もし意図通りの動作結果が再び得られなければ、修正内容が誤っていたことになるので、修正しなおします。意図通りの動作結果が得られるまで修正と動作確認を繰り返します。必ず修正が完了してから、次の命令文を記述します。言い換えると、1つの命令文が意図通り動作するまでは、次の命令文には進まないようにします。この点も大きなポイントです。

　このように階段を1段ずつ登るがごとく、命令文を1つずつ記述して動作確認し、必要に応じて修正することの繰り返しが、プログラムを作り上げていくノウハウになります。

　前ページの図と右ページの図はいずれも、命令文が上から並んだだけの処理手順ですが、そういった「上から並べて書く」の順次だけの単純なプログラムですら、初心者が自力で完成させるには同ノウハウが必要です。ましてや分岐や繰り返し、変数などを用いたフクザツな処理のプログラムなら、同ノウハウを活用しなければ、十中八九自力で完成させられないでしょう。それほど重要なノウハウなのです。なぜ重要なのかは、次節で改めて解説します。

誤りを必ずその場で修正する

なぜ段階的に作り上げる ノウハウが大切なの？

 誤りを自力で発見しやすくできる

　段階的に作り上げるノウハウが大切なのは、見本がないオリジナルのプログラムを自力で完成させるために必要だからです。

　一般的によほどのベテランか天才でもない限り、正しいプログラムを一発で記述できないものです。自力で完成させるには、誤りの箇所を自力で見つけ、自力で修正できなければなりません。しかし、初心者は誤りを発見すらできず、途方にくれてしまいがちです。見本があれば容易に発見できますが、オリジナルのプログラムだと見本がないので発見は困難でしょう。

　本ノウハウは誤りを発見しやすくします。その理由を3つの命令文からなるプログラムを例に解説します。3つ目の命令文に誤りがあるプログラムを書いたが、書いた本人は気づいていないと仮定します。

　まず本ノウハウを用いないケースです（右ページの図参照）。3つの命令文すべてをまとめて記述し、まとめて動作確認したとします。誤りが含まれているので当然、意図通り動作しません。その場合、誤りを探す範囲は3つの命令文すべてです。たった3つとはいえ、複数ある命令文から誤りを発見することは、実は初心者には難しいのです。命令文の数が増えるほど、難しさは指数関数的に増します。

3つの命令文から誤りを探すのは難しい

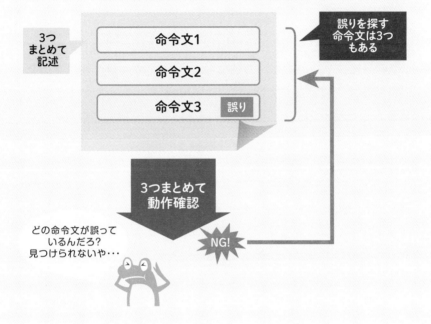

コレが極意！　誤りを探す範囲を絞り込む

　次は段階的に作り上げるノウハウを用いたケースです。右ページ
の図の通り、誤りを探すべき範囲を、最後に書いた3つ目の命令文の
1つだけに絞り込めます。なぜなら、1つ目と2つ目の命令文は動作
確認済みであり、誤りがないことは既にわかっているので、誤りが
あるとしたら3つ目の命令文だけだとわかるからです。複数ある命令
文の中から誤りを探すのは初心者にとって困難ですが、1つの命令文
の中だけなら、より容易に発見できるでしょう。

　このように、誤りを探すべき範囲を最後に記述した命令文の1つだ
けに絞り込むことで、誤りを発見しやすくするのが本ノウハウのポイ
ントです。見本がないオリジナルのプログラムを初心者が自力で
完成させるための大きな助けになるコツなのです。

1つの命令文だけなら誤りを探しやすい

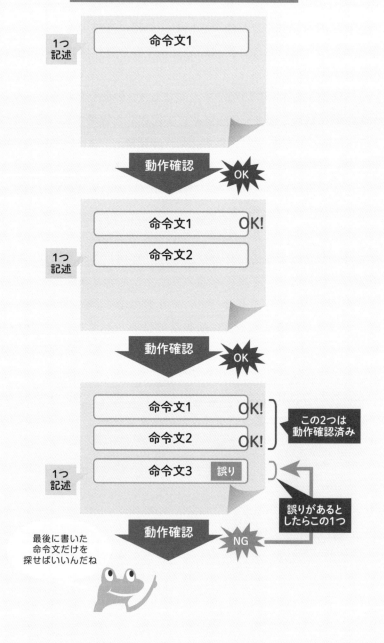

誤りが複数同時にあると…

　しかも、本ノウハウを用いないと、同時に複数の命令文に誤りがある場合、発見はもっと困難になります。さらには修正にも悪影響が出ます。

　その理由が右ページの図です。同じく3つの命令文からなるプログラムを例に解説します。3つまとめて記述した命令文のうち、1つ目と3つ目に誤りがあるとします。動作確認後、1つ目の命令文の誤りは発見して修正できたが、3つ目の命令文の誤りは見逃したままと仮定します。再び動作確認すると当然、3つ目の命令文の誤りが残っているので意図通り動作しません。

　プログラマーにしてみれば、1つ目の命令文の誤りをちゃんと発見して修正したはずなのに、再び意図通り動作しない原因は、修正に失敗していたのか、それとも他の命令文にも誤りがあるのを見逃していたのか、わからなくなってしまうものです。初心者なら、その時点でアタマが混乱して前に進めなくなり、完成できずに終わってしまうでしょう。そういった事態に陥らないために、段階的に作り上げるノウハウを忘れずに用いてください。

　本ノウハウは実際に体験しないとピンと来ないことも多いので、Chapter04以降の本書サンプル作成のなかで体験していただきます。

修正失敗？　それとも他に誤りがある？

命令文を3つ書いたぞ。さぁ、動作確認しよう

3つまとめて記述

動作確認　NG

あれっ、うまく動かない！あっ、命令文1が誤ってた。よしっ、修正したぞ。動作確認しよう

誤りを発見・修正

誤りを見逃す

動作確認　NG

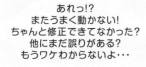

あれっ!?
またうまく動かない！
ちゃんと修正できてなかった？
他にまだ誤りがある？
もうワケわからないよ・・・

修正失敗？

他に誤りがある？

命令文1

命令文2

命令文3

段階的な作成は命令文ごとの PDCAサイクルの積み重ね

 個々の命令文ごとにPDCAサイクルを回す

　Pythonに限らず、プログラミングの作業の流れは、PDCAサイクルと言えます。処理手順を考え（Plan）、その命令文のコードを記述し（Do）、動作確認（Check）します。動作確認の結果、意図通りの実行結果が得られたら、この時点でサイクルはおしまいです。次の命令文へ進みます。

　もし、意図通りの実行結果が得られなければ、誤りの箇所を探して発見します（Action）。そして、誤りの内容に応じて処理手順を考え直し（Planに戻る）、コードを修正して（Do）、動作確認（Check）します。再び意図通りの実行結果が得られなければ、得られるまで同様のサイクルを繰り返します。

　段階的に作り上げるノウハウでは、このPDCAサイクルを命令文1つずつで回している点が大きなコツです。1つの命令文のPDCAサイクルを回し終えたら、次の命令文に進みます。1つの命令文ごとの小さなPDCAサイクルを積み重ねていくことで、複数の命令文で構成されるプログラムを段階的に作っていきます。

小さなPDCAサイクルを積み重ねていく

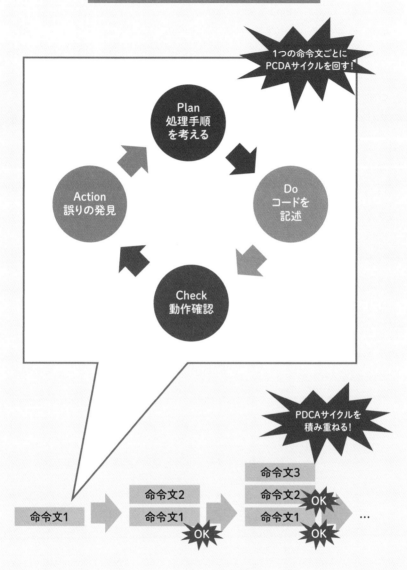

1つの大きなPDCAサイクルを回すのはNG

　注意していただきたいのは、「1つの大きなPDCAサイクルを回そうとしない」です。「1つの大きなPDCAサイクル」とは、複数の処理手順をまとめて考え、複数の命令文をすべて一気に書いてから、まとめて動作確認するサイクルになります。

　もし、1つの大きなPDCAサイクルを回そうとすると、どうなるでしょう？　Checkの動作確認で意図通りの実行結果が得られなかった場合、初心者はChapter03-02（P46）で解説した通り、誤りを探す範囲が複数の命令文になるため、誤りを発見できず、Actionのところでサイクルが止まってしまうでしょう。また、たとえ発見できてもうまく修正できず、途中で止まってしまうでしょう。すると、その先に進めず、目的のプログラムを完成させられずに終わってしまいます。

　そういった事態に陥らないよう、段階的に作り上げるノウハウに従って、複数の小さなPDCAサイクルを積み重ねることが大切なコツです。小さなPDCAサイクルなら、誤りを探す範囲が1つの命令文だけに限定されるため、初心者でも発見しやすくなり、最後まで回し終えられるでしょう。あとはそれを積み重ねて行けば、目的のプログラムを完成させられるでしょう。

大きなPDCAサイクルだと途中で止まる

複数の命令文で、1つの大きなPDCAサイクルを
いきなり回そうとすると・・・

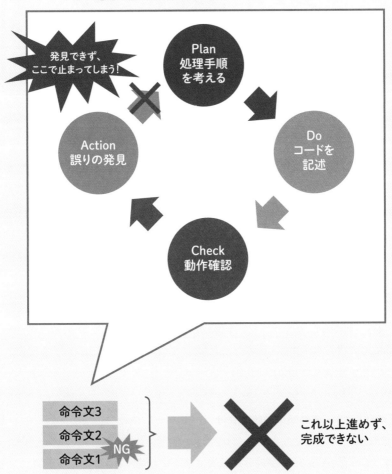

フクザツな処理を 段階分けするには

 作りたいプログラムを小さな単位に分解して段階分け！

　段階分けは言い換えると、作りたいプログラムの機能を小さな単位に分解することです。分解した結果は、作りたいプログラムの処理手順そのものであり、"設計図"になります。あとはひとつひとつの処理手順の小さな単位を順番に、Pythonの命令文に置き換えていきます。いわば、Pythonという言語に"翻訳"していくだけで、目的のプログラムを作れるようになります。

　そもそも、段階分けは具体的にどのように行えばよいのでしょうか？　自分の作りやすいよう自由に段階分けしてもよいのですが、基本的には、作りたい機能などに応じて、次の3つの切り口で行うことをオススメします。

【切り口1】一連の処理で段階分け

　Pythonで自動化したい一連の処理を個別の処理に分け、順に並べます。Chapter02-01で登場した順次に基づいた切り口になります。

　もっとも簡単なアプローチがChapter02-01で触れたように、自動化したい処理を手作業で行った場合の一連の操作手順をそのまま処理手順として、個別の処理に分けるというものです。手作業で行わない処理でも、必要な処理を洗い出し、必要な順で並べることで段階分けします。

作りたいプログラムを3つの切り口で分解

◉段階的に作り上げていく大きな流れ

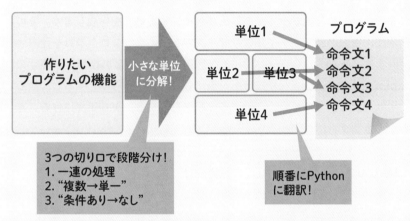

◉【切り口1】一連の処理で段階分け

たとえば、「画像ファイル001.jpgをリサイズし、別名で保存する」という操作なら・・・

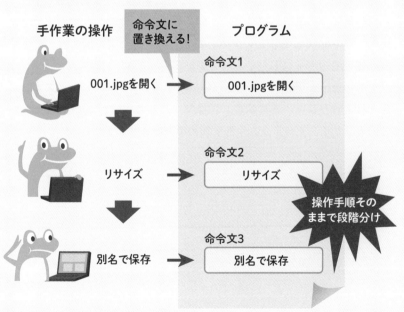

【切り口2】"複数→単一"で段階分け

　複数の対象を処理したければ、単一の対象に分けます。たとえば、右ページの上の図のように、複数の画像ファイルをリサイズしたければ、まずは単一の画像ファイルのみをリサイズする処理を作成します。その次に、複数の画像ファイルをリサイズできるよう、プログラムを発展させます。その際、Chapter02-03で登場した繰り返しの仕組みを使うのがベンリです。いきなり複数を対象にした処理を作ろうとすると、初心者は失敗しがちですが、このような段階を踏むと、より確実に作ることができます。

【切り口3】"条件あり→なし"で段階分け

　条件に応じて異なる処理を実行したいなら、条件と処理に分けます。まずは条件に関係なく、実行する処理だけを作成します。その次に、Chapter02-02で登場した「分岐」の仕組みを用いて、条件に応じて実行するようプログラムを発展させます。

　たとえば、右ページの下の図のように、画像ファイルの容量（ファイルの大きさ。画像の縦横のサイズではない）が指定した値以上の場合のみ、リサイズしたいとします。右ページの下の図の例では、容量が200KBならリサイズしたいとします。

　その場合、まずは条件は除き、単純に画像ファイルをリサイズする処理だけを作ります。その次に、画像ファイルの容量が200KB以上の場合のみリサイズするよう、条件を加えて発展させます。

フクザツな処理をよりスムーズに作成するための段階分け

◉【切り口2】"複数→単一"で段階分け

たとえば、「4つの画像をリサイズする」という処理なら…

まずは単一の画像のみで処理を作成

001.jpg　　　002.jpg

img1.jpg　　　img2.jpg

複数
↓
単一

001.jpgをリサイズ

↓

残りの3つの画像まで同様に処理できるよう
プログラムを発展

4回繰り返す

〇〇をリサイズ

◉【切り口3】"条件あり→なし"で段階分け

たとえば、「画像のファイル容量が200KB以上ならリサイズ」という処理なら…

まずは条件は除き、単純にリサイズする処理を作成

001.jpg

項目の種類: JPG ファイル
撮影日時: 2019/03/07 14:09
大きさ: 1478 x 1108
サイズ: 520 KB

条件あり
↓
条件なし

001.jpgをリサイズ

↓

条件を加え、容量が200KB以上ならリサイズするようプログラムを発展

容量が200KB以上なら

001.jpgをリサイズ

3つの切り口を組み合わせて段階分け！

　これら3つの切り口を適宜使い分けたり組み合わせたりしつつ、作りたいプログラムを段階分けします。ベースは【切り口1】です。【切り口2】と【切り口3】はフクザツな処理をよりスムーズに作成するために有効です。まずは【切り口1】で分けた後、次に【切り口2】と【切り口3】でさらに分けるとよいでしょう。

　段階分けの結果は"設計図"であるのと同時に、どの処理から作ればよいのかもわかるようになるので、"工程表"であるとも言えます。作りたいプログラムの完成形はわかっていても、どこからどう手を付ければよいのかわからず、途方に暮れてしまいがちですが、段階分けをすれば見えてきます。

　このように段階分けはいわば、完成形のプログラムという目に見えない大きな"目標"を、目に見える小さな単位の集まりに分解・整理することで、スタートからゴールまでの道筋を明確化してくれるのです。大きな目標を小さな単位に分解・整理し、1つずつ順番にこなしていくという進め方は、みなさんが普段取り組んでいる仕事や家事などと本質は同じでしょう。そういった普遍的な進め方をプログラミングにも用いるのです。

　また、段階分けは頭の中だけで考えても、まずうまく行えないものです。紙に手書きでも構わないので、"見える化"しながら行うことが重要なコツです。

３つの切り口を組み合わせる

作りたい
プログラムの機能

小さな
単位に
分解！

単位1

単位2

単位3

切り口
1.一連の処理で

さらに小
さな単位
に分解！

切り口
2."複数→単一"で
3."条件あり→なし"で

単位1-1	単位1-2
単位2-1	単位2-2
単位3-1	単位3-2

これで、どこからど
う手を付ければいい
か、わかったぞ!

分解・整理して、1つ
ずつ順にこなしてい
くのは、普段の仕事
と同じだね!

紙に手書きで
いいから、見
える化しよう!

こんな機能のプログラムをこれから作ろう！

 複数の画像をリサイズするサンプルで学ぼう

すでに述べたように、本書ではサンプルを学習に用います。そのプログラムをゼロの状態から作成を始め、完成させていくなかで、フクザツな処理のプログラムを作れるようになるためのツボとコツを学んでいきます。

1つ目のサンプルが「サンプル1」です。画像ファイルをリサイズするプログラムになります。「リサイズ」とは、その大きさを変更する加工のことです。ここでいう「大きさ」とは、画像の幅と高さを意味するとします。単位は通常、ピクセルで表されます。

また、今回、画像ファイルは写真のJPEGファイルとします。デジタルカメラやスマートフォンなどで撮影した写真は一般的に、画像の幅・高さが大きく、ファイル容量も大きいものです。そのままではブログやSNSへ投稿したり、友人や家族と共有するために送ったりするには少々扱いづらく、小さくリサイズ（縮小）したい機会は多いでしょう。リサイズは通常、Windows付属ソフトの「ペイント」などを使い手作業で行いますが、画像の数が増えるほど、その手間暇は膨れ上がります。

このサンプル1は、そのような複数の画像のリサイズをPythonで自動化するプログラムになります。Chapter08までの学習に用います。

「サンプル1」の機能の詳細

　それでは、サンプル1の具体的な機能を紹介します。リサイズ機能については以下とします。

リサイズの方法
（1）ファイル容量が200KB以上ならリサイズ
（2）縦横比を保ったまま縮小
（3）指定した幅または高さを上限にリサイズ。幅の上限は500ピクセル、高さの上限は400ピクセル

　（1）ですが、今回はすべての画像を一律にリサイズするのではなく、容量が大きいもののみをリサイズするとします。今回は200KB以上ならリサイズするとします。

　（2）〜（3）が具体的なリサイズ方法です。横長の画像なら、幅が指定した上限の大きさになり、高さは縦横比を保ちつつ、幅に応じた上限の大きさになります。縦長の画像なら、高さが指定した大きさになり、幅は縦横比を保ちつつ、高さに応じた大きさになります。画像が横長か縦長かは自動判別するとします。このリサイズの方法は文章だけだとわかりづらいので、あわせて次のページの図をご覧ください。

　そして、サンプル1の画像ファイルの扱いについての機能は以下とします。なお、Pythonでフクザツな処理を作るツボとコツを無理なく学べるよう、機能は単純化しています。

リサイズ対象の画像
（1）場所：カレントディレクトリ以下の「photo」フォルダーの中
（2）ファイル数：4

（3）ファイル名：001.jpg、002.jpg、img1.jpg、img2.jpg
（4）保存：上書き保存

　画像ファイルの場所は「photo」フォルダーとします（1）。画像の数（2）およびファイル名（3）は上記とします。後ほど追って解説しますが、特定の数や名前ではなく、どのような数や名前でも対応可能とします。リサイズした画像は、別名や別の場所に保存するのではなく、そのまま同じ場所に同じ名前で保存するとします（4）。

サンプル1の画像と機能

◉リサイズの方法

横長の写真　001.jpg　　（「フォト」で開いた画面）

1478

縦長の写真　img1.jpg

1536

リサイズ！

（1）容量が200KB以上
（2）縦横比は保ったまま縮小
（3）横長なら幅500ピクセル、
　　　縦長なら高さ400ピクセルに変更

縦横比で
決まる

500

幅を500ピクセルに変更

高さを400ピクセルに変更

400

縦横比で決まる

◉リサイズ対象の画像

（1）場所はカレントディレクトリ以下の
photoフォルダー

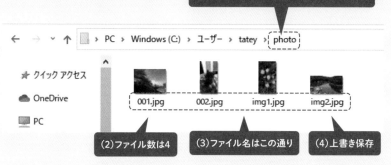

←　→　∨　↑　　PC　>　Windows (C:)　>　ユーザー　>　tatey　>　photo

★ クイック アクセス

☁ OneDrive

🖥 PC

001.jpg　　　002.jpg　　　img1.jpg　　　img2.jpg

（2）ファイル数は4　　　（3）ファイル名はこの通り　　　（4）上書き保存

🐸「サンプル1」を準備しよう

　次章からサンプル1のコードを書いて実行していくにあたり、先に準備をしましょう。本書ダウンロードファイル（入手方法はP2参照）の「サンプル1」フォルダーに含まれている「photo」フォルダーをカレントディレクトリに丸ごとコピーしてください。これで準備は完了です。

「photo」フォルダーをコピー

カレントディレクトリは「tatey」になっているけど、自分のカレントディレクトリにコピーしてね

この画面はphotoフォルダーをコピーした後、開いた状態だよ。拡張子を表示しているよ

　「photo」フォルダーを開くと、001.jpgをはじめとするJPEG形式の画像ファイルが計4つあります。マウスポインターを重ねると、画像の大きさがポップアップ（ツールチップ）で表示されます。例えば001.jpgなら、「大きさ：1478×1108」です。「幅1478ピクセル、

高さは1108ピクセル」という意味になります。幅の方が大きいので、
横長の画像になります。

画像のサイズと容量を確認

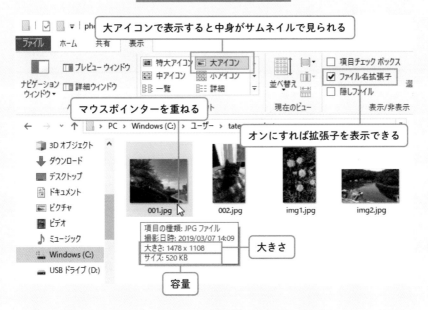

また、ポップアップには同時にファイル容量も「サイズ：520KB」
などと表示されます。他に撮影日時やファイルの種類（項目の種類）
も表示されます。

また、エクスプローラーの表示形式を［表示］タブなどから「詳細」
に切り替えると、「サイズ」欄にて各ファイルの容量をまとめて一覧
形式で確認できます。

「詳細」の表示形式で容量をまとめて確認

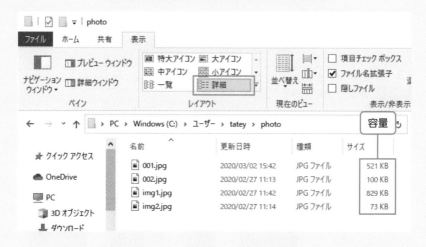

　さらに個々の画像ファイルをダブルクリックすると、OS既定の画像閲覧ソフト（Windows 10なら「フォト」）で開きます。フォトの場合、右上の［…］の部分をクリックし、［ファイル情報］をクリックすると、大きさやファイル容量などが確認できます。

「フォト」で開き、大きさと容量を確認

　他にも、「photo」フォルダーにて画像ファイルを右クリック→［プロパティ］でプロパティを開き、［詳細］タブを表示しても、大きさやファイル容量を確認できます。

　これで準備は完了です。画像閲覧ソフトを開いたなら閉じて、次節へ進んでください。

サンプルを３つの切り口で段階分けしよう

 【切り口１】一連の処理で段階分け

　前節で紹介したサンプル「サンプル１」をChapter03-04で学んだ３つの切り口で段階分けしてみましょう。同サンプルの機能に必要となる処理を小さな単位に分解していきます。

　まずはベースとなる**【切り口１】**「一連の処理で段階分け」です。一連の処理を個別の処理に分け、順に並べると右ページの上の図のようになります。手作業で行った場合の操作手順を想定し、その操作手順に応じて分解しています。

　ここでの段階分けのツボは、各処理を適切な順に並べることです。並び順が不適切だと、実行してもうまく動かず、意図通りの結果が得られません。少々極端な例ですが、たとえば右ページの下の図のように、画像ファイルを開く処理の前に、リサイズを実施する処理を並べたとします。すると、まだ開いていない画像をリサイズしようとすることになるため、エラーになってしまいます。

　このように各処理を適切な順に並べることは、あたりまえに思えるかもしれませんが、キホンとなる非常に大切なツボです。

サンプル1を一連の処理で段階分け

◉ 手作業での操作手順に応じて分解して並べる

手作業の操作手順

段階分け

容量が200KB以上なら 001.jpgを開く

▼

操作手順
通りに
分解

上限幅500／ 高さ400ピクセルでリサイズ

▼

上書き保存

- ・残り3つの画像も
- ・同様に操作

容量が200KB以上なら 001.jpgを開く

▼

上限幅500／ 高さ400ピクセルでリサイズ

▼

上書き保存

- ・残り3つの画像も
- ・同様に処理

手作業での操作手順を考えて、
それに従って分解すればOK!

◉ 不適切な並びの例

上限幅500／高さ400ピクセルに リサイズ

▼

もし200KB以上なら001.jpgを開く

うまく動かない!

画像を開く前に
リサイズしようとしても
ムリだよね

【切り口2】"複数→単一"で段階分け

　それでは、先ほど考えた【切り口1】での段階分けの結果をもとに、さらに【切り口2】と【切り口3】でも段階分けしてみましょう。まずは【切り口2】「"複数→単一"で段階分け」です。

　本サンプルの機能で複数の対象を処理する必要があるのは、4つの画像ファイルを処理する部分です。【切り口1】の結果を見れば一目瞭然である通り、まったく同じ処理を4つの画像ファイルごとに計4回行っています。

　これを"複数→単一"での段階分けとして、まずは1つの画像ファイルだけをリサイズする処理を作ります。その後、4つの画像ファイルをリサイズするようプログラムを発展させます。その発展は**繰り返し**の仕組みを用いるのが最適でしょう。

サンプル1を"複数→単一"で段階分け

複数ある画像を
リサイズしたいなぁ。
どう段階分けする？

001.jpg

002.jpg

img1.jpg

img2.jpg

**"複数→単一"
で分解**

**まずは1つの画像のみ
リサイズ**

001.jpg

002.jpg

img1.jpg

img2.jpg

001.jpg

002.jpg

img1.jpg

img2.jpg

**残りの画像も同様に
リサイズするよう発展**

【切り口3】"条件あり→なし"で段階分け

　続けて、【切り口3】「"条件あり→なし"で段階分け」です。画像ファイルの容量が200KB以上なら、リサイズするのでした。

　この「容量が200KB以上かどうか」は、まさに条件になります。そこで、段階分けとしては、まずは条件に関係なく——つまり、容量に関係なく、リサイズする処理を作ります。その後、容量が200KB以上の場合のみリサイズするよう、プログラムを発展させます。その発展は**分岐**の仕組みを用いて行います。

　3つの切り口による段階分けは以上です。他のパターンでも段階分け可能ですが、今回はこのように行うとします。

　また、各切り口で段階分けしていく順番ですが、今回は【切り口2】を【切り口3】より先に行いましたが、逆に行っても構いません。【切り口1】も基本的には最初に行うのですが、場合によっては後で行ってもよいでしょう。とにかく、適切に段階分けできるなら、どの順番でも構いません。

サンプル1を"条件あり→なし"で段階分け

200KB以上の画像なら
リサイズしたいなぁ。
どう段階分けする?

項目の種類: JPG ファイル
撮影日時: 2019/03/07 14:09
大きさ: 1478 x 1108
サイズ: 520 KB

"条件あり→なし"
で分解

まずは
容量に関係なく
リサイズ

200KB以上なら
リサイズするよう
発展

200KB
以上?

処理に必要な変数や関数は作りながら考えればOK

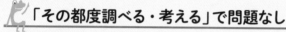

「その都度調べる・考える」で問題なし

　目的のプログラムを段階分けできたら、いよいよ作成に入ります。段階分けの結果に沿って、各段階の処理のコードを記述し、都度動作確認するなど、Chapter03-01で解説した段階的に作り上げるノウハウに従って作成していきます。

　そのようにプログラムを作成していくなかで、処理によっては関数を利用した方が、はるかに素早く簡単に作れるケースは多々あります。具体的にどのような関数が利用できるのかは、その都度調べて考えればOKです。

　また、変数が必要になるケースも多々あります。具体的にどのような変数がいくつ必要で、処理の流れの中で値どう変化させればよいかなどは、実際にコードを記述する際に考えればOKです（具体例はChapter04以降で紹介します）。他に、リスト（変数の"集まり"）、分岐や繰り返し用の文なども同様です。

　初心者にとって、これらさまざまな仕組みを適宜組み合わせ、意図通りの実行結果が得られる"正解"のプログラムはなかなか一発では作れないものです。そのため、段階的に作り上げていくノウハウの小さなPDCAサイクル（Chapter03-03）に基づき、トライ＆エラーを繰り返しながら、"正解"へ徐々に近づくよう進めていきましょう。

どんな変数や関数が必要かは作りながら調べて考えよう

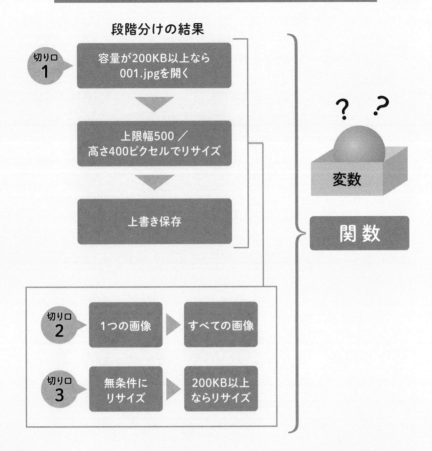

段階分けの結果

切り口 1
容量が200KB以上なら
001.jpgを開く

上限幅500／
高さ400ピクセルでリサイズ

上書き保存

変数

関 数

切り口 2
1つの画像 → すべての画像

切り口 3
無条件に
リサイズ → 200KB以上
ならリサイズ

この処理にどんな変数や関数が
必要なのかは、作りながら
調べて考えればいいよ

作りながら段階分けを随時見直そう

　Pythonのプログラミングにおいて、最初に考えた段階分けが適切かどうか
は、実際にコードを記述してプログラムを作ってみないと、わからないこと
が多いのが現実です。段階的に作り上げていく途中で、事前に行った段階分
けが適していないケースはしばしばあります。別のパターンで分解した方が
コードを記述しやすい、もっと細かく分解した方がわかりやすいなどです。

　その場合は段階分けを随時見直し、修正しながら進めましょう。同時に、
作成する機能や処理そのものについても、プログラム作成中に、事前に挙げ
たものに不足や誤りがあることに気づくケースも多々あります。その場合も
随時追加・修正しましょう。

　このように、段階的に作り上げていくノウハウは、マメに動作確認するの
で、機能・処理の不足や誤りに早い段階で気づけ、より確実に軌道修正でき
ることもメリットです。もし同ノウハウを用いないと、不足や誤りは最後の
方にならないと気づけないので、軌道修正できず最初から作り直すハメに
なってしまうでしょう。

Chapter

04

画像を1つ

リサイズする処理まで

作ろう

本章で作るプログラムの 機能と作成の流れ

 容量に関係なく1つの画像をリサイズ

　それでは、Chapter03-06で行った段階分けに沿って、サンプル「サンプル1」のプログラムを作っていきましょう。最初に本節にて、本章でどの処理まで作るのか、学習の全体的な流れを提示します。

　最初は本章にて、右ページの図の上の①〜③の処理を作ります。①〜③は【切り口1】をベースに、【切り口2】と【切り口3】での段階分けの結果も踏まえ、最初の段階で作るべき処理内容を整理したものです。

　この処理内容を改めて述べると、1つの画像（写真のJPEGファイル）を容量に関係なく、無条件にリサイズする処理になります。最終的に作りたい機能は、複数の画像（「photo」フォルダー内のすべてのJPEGファイル）について、容量が200KB以上ならリサイズするというものですが、まずは1つだけの画像について、容量に関係なく無条件にリサイズする処理を本章で作成します。

　次にChapter05で、【切り口2】での段階分けに従い、1つの画像だけについて、容量が200KBならリサイズするようプロラムを発展させます。

　さらにChapter06〜07で、【切り口3】での段階分けに従い、複数の画像について、容量が200KB以上ならリサイズするようプロラムを発展させます。

1つの画像をリサイズする処理を作り、発展させていく

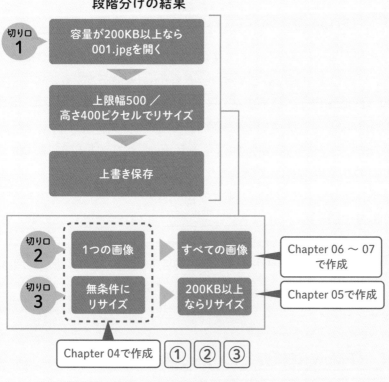

─ 1つの画像を容量に関係なくリサイズする処理 ─

①画像を開く

②リサイズする

③上書き保存する

段階分けの結果

切り口1　容量が200KB以上なら001.jpgを開く

上限幅500／高さ400ピクセルでリサイズ

上書き保存

切り口2　1つの画像　→　すべての画像　Chapter 06 ～ 07で作成

切り口3　無条件にリサイズ　→　200KB以上ならリサイズ　Chapter 05で作成

Chapter 04で作成　①　②　③

画像の処理は定番の「Pillow」を使う

 「001.jpg」を使って①～③の処理を作る

　本節から、前節で提示した【切り口1】の①～③の処理を作成します。①～③の処理に該当するコードをPythonで記述することで、目的の機能を作っていきます。本節と次節で「①画像を開く」、②はChapter04-04、③はChapter04-05で作成します。

　なお、①～③の処理は拙著『図解！ Pythonのツボとコツがゼッタイにわかる本"超"入門編』のサンプル2とほぼ同じです。もし同書を既に読み終えていたら、本書のChapter04-05までは、おさらいのつもりで読み進めてください。

　本章では処理対象となる1つの画像として、「photo」フォルダー内にあるJPEGファイル「001.jpg」を用いるとします。画像の中身などは前章で確認しましたが、念のため再度確認しておくとよいでしょう。

 「Pillow」の概要とインポートのセオリー

　Pythonには画像処理関係のライブラリは何種類かありますが、本書ではPillow（「ピロー」と読みます）を利用するとします。

　Pillowは画像処理の定番のライブラリです。機能が豊富であり、

実績も申し分ありません。また、Anacondaに同梱されているので、わざわざ別途インストールしなくとも、スグに使うことができます。そして何よりも、次節で解説しますが、②の処理が一発でできてしまう関数が用意されているのも採用する大きな理由です。

　Pillowをインポートするコードは以下です。Pillowのモジュール名は**PIL**と記述するよう決められています。

```
import PIL
```

　Pillowには実にたくさんの関数やメソッドが揃っており、リサイズなどの基本的な処理は、「Image」という階層以下の関数を使います。そのため、通常はfrom import文を使い、以下のコードでインポートするのがセオリーです。

```
from PIL import Image
```

　単に「import PIL」でインポートすると、関数は「PIL.Image.関数名」の形式で書く必要がありますが、「from PIL import Image」でインポートすると、いちいち冒頭の「PIL.」を書かなくても、「Image.関数名」だけで済むようになり、コードの記述がラクになります。

　Pillowはこのように画像処理のカテゴリに応じて、必要な階層の関数のみをfrom import文で個別にインポートするのがセオリーです。たとえば、本書サンプルでは使いませんが、上下左右反転などの処理なら「ImageOps」、ぼかしなどの処理なら「ImageFilter」を個別にインポートします。

　では、このコードを入力してみましょう。［スタート］メニューなどからJupyter Notebookを起動し、新しいセルに入力してください。

「from PIL import Image」をセルに入力

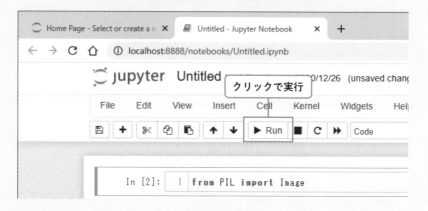

　コードを入力したら、実行して動作確認してみましょう。コード
を入力したセルをクリックして選択し、ツールバーの［Run］ボタン
をクリックしてください。もしくは、ショートカットキー［Shift］＋
［Enter］を押しても実行できます。

　これで実行できましたが、このコードだけでは、目に見える実行
結果は得られません。実行してエラーになれなければ、正しくイン
ポートできたことになるので、その確認のために実行するとします。
実行してエラーが起きなければ、次の画面の状態になります。

実行後にエラーが表示されなければOK！

```
In [3]:   1  from PIL import Image

In [ ]:   1
```

　もしエラーになったら、タイプミスなどをしていないかチェック
してください。まずはスペルが正しいかを確かめます。なかでも

fromやimportといったPythonの文法で使われる語句は、正しいスペルだと緑色で表示されます。言い換えると、誤ったスペルだと黒文字になるので、その点も踏まえてチェックしましょう。

　なお、そのような語句や「予約語」(または「キーワード」)と呼ばれます。他にも何種類かあります。変数に予約語と同じ名前を付けられないなどのルールがあります。

　エラーの際はさらに、大文字小文字も上記コードのとおりにキッチリと区別して記述しているかも確かめましょう。大文字の「I」(アイ)と小文字の「l」(エル)のように、見間違えやすい文字にも注意です。

　また、誤って全角で入力していないかも要チェックです。特にスペースは気づきにくいので、全角になっていないか改めて確認してください。

1つの画像を開く処理を作ろう

 PIL.Image.open関数で画像を開く

前節では、Pillowをインポートするコードを記述しました。本節では、Chapter04-01で示した①「画像を開く」のコードは具体的にどう記述すればよいか、考えていきましょう。

Pillowで画像を開くには、「PIL.Image.open」という関数を使います。基本的な書式は次の通りです。

書式

> PIL.Image.open(画像ファイル名)

引数には、目的の画像のファイル名を文字列として指定します。画像ファイル名には拡張子も必ず含めます。また、ファイル名だけを記述すると、カレントディレクトリの直下にあるファイルと見なされます。もし、目的の画像がカレントディレクトリ直下にないのなら、ファイル名の前に、その場所のパスを付ける必要があります。パスとは、ファイルやフォルダーの場所を表す文字列のことでした。フォルダー名などをパス区切り文字でつなげた形式でした。

今回は目的の画像ファイルである001.jpgは、カレントディレクトリ以下の「photo」フォルダーの中にあるのでした。そのため、ファイル

名の前にパスとして、photoフォルダーも加える必要があります。

　Windowsの場合、**パス区切り文字**は¥です。よって、「カレント
ディレクトリ以下のphotoフォルダー以下」は「photo¥」になります。
ただし、Pythonでは「¥」は特殊な文字なので、「¥」を重ねて（エス
ケープ処理）、「¥¥」と記述する必要があります。同じ「¥」が2つ並
びますが、前がエスケープ処理、後がパス区切り文字になります。

　したがって、photoフォルダー以下にある画像ファイル001.jpg
は、「photo¥¥001.jpg」と記述すればよいことになります。

　さらに、PIL.Image.open関数の引数には文字列として指定する
ので、「'」で囲んで「'photo¥¥001.jpg'」とします。この記述をPIL.
Image.open関数の引数に指定します。

```
PIL.Image.open('photo¥¥001.jpg')
```

　そして、前節で記述したインポート文では、「from PIL import
Image」と書いたので、関数名の冒頭の「PIL.」は記述不要になります。

```
Image.open('photo¥¥001.jpg')
```

　なお、PIL.Image.open関数には他にも、省略可能な引数があり
ますが、今回は使わないので解説は割愛します。本書では以降も関
数がいくつか登場しますが、本節と同様に、サンプル作成に用いる
引数以外の解説は割愛します。また、パス区切り文字は「¥」の他に
「/（スラッシュ）」も使えます。

開いた画像はオブジェクトとして得られる

　PIL.Image.open関数は実行すると、開いた画像ファイルのオブジェクトを戻り値として返します。これは同関数の機能として決められています。その画像ファイルのオブジェクトは**Imageオブジェクト**と呼ばれます。本章では以降、「Imageオブジェクト」という用語を用いていきます。

　このImageオブジェクトを以降の処理に用いて、リサイズなどを行っていきます。その際、Imageオブジェクトは通常、変数に格納して使うのがセオリーです。コードとしてはPIL.Image.open関数の戻り値を変数に代入するかたちになります。今回は変数名を「img」します。すると、①のコードは以下になります。

```
img = Image.open('photo¥¥001.jpg')
```

　この①のコードによって、PIL.Image.open関数で001.jpgを開き、その戻り値を変数imgに代入することで、変数imgに001.jpgのImageオブジェクトが格納されます。以降はこの変数imgを使って、リサイズなどの処理を行っていきます。それらの処理はImageオブジェクトの各メソッドで行います。

開いた001.jpgはオブジェクトとして処理

①画像ファイルを開く

img = Image.open('photo¥¥001.jpg')

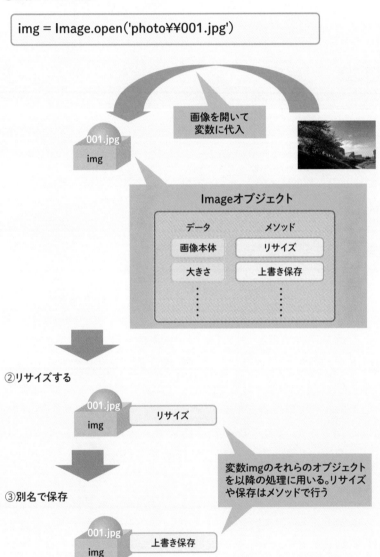

画像を開いて
変数に代入

001.jpg
img

Imageオブジェクト

データ	メソッド
画像本体	リサイズ
大きさ	上書き保存

②リサイズする

001.jpg
img　リサイズ

③別名で保存

変数imgのそれらのオブジェクト
を以降の処理に用いる。リサイズ
や保存はメソッドで行う

001.jpg
img　上書き保存

①のコードがわかったところで、さっそく Jupyter Notebook に記述しましょう。前節で記述したコード「from PIL import Image」と同じセルに追加します。今回は空の行を設けるとします。インポートの処理との区別がつきやすくなるなどのためです。

```
from PIL import Image
```

```
from PIL import Image

img = Image.open('photo¥¥001.jpg')
```

 ## 別のセルを使って動作確認

　①のコードを記述したところで、さっそく動作確認したいのですが、Image.open 関数の機能は目的の画像を開いて、Image オブジェクトを返すまでです。いわば画像を内部的に開くだけであり、①のコードを実行しただけでは、動作結果は目に見えるかたちで確認できません。

　そこで、今回は動作確認のために、ちょっとしたワザを用います。先ほどコードを入力したのとは別のセルを使います。まずは①のコードを追加したセルを選択した状態で、[Run] ボタンをクリックするなどでコードを実行してください。

　次に別のセルを選び、中でカーソルが点滅した状態にしてください。通常は実行した時点で、すぐ下に空のセルの中でカーソルが点滅した状態になります。このセルは、前節でコードを実行した際に自動で生成されます。

コードを実行すると、空のセルが生成される

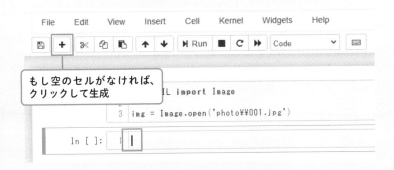

もし空のセルがなければ、
クリックして生成

　もし、すぐ下に空のセルがなければ、ツールバーの[+]ボタンを
クリックして生成してください。

　この空のセルに、動作確認用のコードを入力して実行します。そ
れでは、次のコードを入力してください。

```
img.show()
```

空のセルに動作確認用コードを入力

　このコードはサンプル1の機能に関係するコードではなく、動作
確認のためだけに記述するコードになります。変数imgは、Image.
open関数で001.jpgを開いて得られたImageオブジェクトが格納さ
れているのでした。

　そして、このImageオブジェクトの「show」というメソッドを実行
しています。showメソッドはImageオブジェクトの画像を、OS既
定の画像閲覧アプリ（Windows 10なら「フォト」）で表示するメソッ

ドになります。引数はなしで記述します。

　コード「img.show()」を入力できたら実行してください。すると、このように既定の画像閲覧アプリが開き、変数imgのImageオブジェクトの画像が表示されます。

変数imgの画像が「フォト」で表示された

　表示された画像は001.jpgです。これで、先ほど記述した①のコード「img = Image.open('photo¥¥001.jpg')」がちゃんと意図通り動作することが確認できました。では、画像閲覧アプリを閉じてください。

　別のセルを使った動作確認の方法をもう1つ紹介します。先ほどのコード「img.show()」を「img」に変更してください。showメソッドを削除し、変数imgだけとします。

動作確認用セル

変更前

```
img.show()
```

変更後

```
img
```

　変更できたら実行してください。すると、このようにJupyter Notebookの上に001.jpgが表示されます。

変数imgの画像がJupyter Notebookに表示された

　このようにJupyter Notebook では、変数名だけを入力して実行すると、その変数の中身を出力できます。その変数がImageオブジェクトの場合、上記画面のような状態で画像をセル上に表示できます。もし変数の中身が数値や文字列なら、その値が表示されます。

今回のように、動作確認したいコードを実行しただけでは、目に見える結果が得られない場合、別のセルを利用して、動作確認のためだけのコードを別途入力し、実行することで動作確認を行えます。

　また、先ほど述べたとおり、showメソッドはサンプル1には使いません。このあと本書を読み進めていくとわかることですが、Chapter03-05で紹介した機能を作成するのに、showメソッドは不要です。いわば、単に動作確認のためだけに、showメソッドを使ったのです。このように動作確認のためだけに、別のセルを用いて、本来作成したい機能には不要なメソッドや関数を適宜利用することは、ちょっとしたテクニックです。

　ここでは動作確認として、変数imgの画像をshowメソッドによってビューワーアプリに表示する方法、および、変数imgだけを記述して実行することで、セル上に画像を表示する方法の2通りを紹介しました。どちらの方法でも動作確認できますので、状況や好みなどにあわせて適宜使い分けてください。

画像をリサイズする処理を作ろう

 リサイズはこのメソッドひとつでOK!

　次は「②リサイズする」のコードを記述します。Pillowでリサイズする方法はいくつかありますが、今回はImageオブジェクトの「thumbnail」というメソッドを使うとします。書式は次の通りです。

書式

> Imageオブジェクト.thumbnail((幅,高さ))

　引数「幅」にはリサイズ後の幅、引数「高さ」にはリサイズ後の高さの数値をピクセル単位で指定します。

　このthumbnailメソッドはImageオブジェクトの画像に対して、引数に指定した幅または高さのいずれか大きい方を上限に、縦横比を保ったままリサイズします。言い換えると、画像が横長なら、引数に指定した幅に変更し、高さは縦横比に応じて変更します。画像が縦長なら、引数に指定した高さに変更し、幅は縦横比に応じて変更します。その上、幅または高さのいずれか大きい方を上限にするということは、画像が縦長か横長かも自動で判別してくれることになります。

　つまり、thumbnailメソッドによるリサイズは、今回のサンプル1でのリサイズの方法そのままになります。こういったフクザツな

リサイズ処理が、分岐なども交えつつ何行もコードを書かなくとも、thumbnailメソッドひとつでできてしまうことは、Pillowというライブラリの大きなメリットのひとつです。

カッコが入れ子のかたちに注目

さて、上記のthumbnailメソッドの書式で、引数を指定している部分に注目してください。カッコが入れ子になっています。「Imageオブジェクト.thumbnail()」のカッコ内に、「(幅, 高さ)」が指定されています。見方を変えると、thumbnailメソッドの引数に、「(幅, 高さ)」が丸ごと1つの引数として指定された形式とも言えます。

thumbnail メソッドの書式の構造

Imageオブジェクト.thumbnail(　引数　)

メソッドの引数に「(幅, 高さ)」が
丸ごと指定されたかたちだよ

(幅, 高さ)

この「(幅, 高さ)」という形式は、全体がカッコで囲まれ、値が「,」で区切られた形式になります。このようなデータの形式は専門用語で**タプル**と呼ばれます。タプルの詳しい解説はChapter08-13で改めて行います。現時点では、上記書式に従ってコードを記述することだけを意識しておけばOKです。誤ってカッコを1つだけにして、「Imageオブジェクト.thumbnail(幅, 高さ)」と記述しないよう気を付けてください。

リサイズのコードを追加しよう

サンプル1におけるリサイズはChapter03-05で紹介した通り、幅は500ピクセル、高さは400ピクセルのいずれか大きい方を上限として、縦横比を保ったまま大きさを変更したいのでした。したがって、thumbnailメソッドの引数「幅」には500、引数「高さ」には「400」を数値として指定すればよいことになります。

001.jpgのImageオブジェクトは変数imgでした。以上を踏まえると、「②リサイズする」のコードは以下とわかります。

```
img.thumbnail((500, 400))
```

では、上記コードを現在のサンプル1のコードの末尾に追加してください。前節に動作確認のために別途用意したセルではなく、サンプル1のコードが記述されているセルに追加してください。誤って動作確認用セルに追加しないよう気を付けましょう。

サンプル1のセル

追加前

```
from PIL import Image

img = Image.open('photo¥¥001.jpg')
```

追加後

```
from PIL import Image

img = Image.open('photo¥¥001.jpg')
img.thumbnail((500, 400))
```

これでサンプル1は、変数imgにImageオブジェクトとして入っている001.jpgを幅500ピクセル、または高さ400ピクセルを上限に、縦横比を保ったままリサイズできるようになりました。001.jpgは前々節で確認したように、大きさは1478×1108ピクセルと横長の画像なので、幅500ピクセルでリサイズされることになります。

リサイズ処理の動作確認しよう

コードを追加できたら動作確認しましょう。Jupyter Notebookのツールバーの［Run］ボタンをクリックするなどして、実行してください。

さて、実行しても前節と同じく、このままでは目に見える実行結果は得られません。追加した②のリサイズ処理のコードはプログラムとしての処理は、001.jpgをコンピューターの内部でリサイズするだけだからです。変数imgにImageオブジェクトとして格納されている001.jpgをリサイズしただけになります。

そこで動作確認するために、前節と同じく、別のセルを使って、変数imgを表示してみましょう。前節で動作確認に用いたセルには現在、「img」とだけ入力された状態かと思います。このコードをそのまま実行し、リサイズ後の画像をセル上に表示してみましょう。もしコードを削除・変更していれば、「img」に戻してください。

その動作確認用のセルを実行すると、次の画面のように、リサイズ後の001.jpgがセル上に表示されます。

リサイズされた001.jpgが表示された

```
In [3]:    1  from PIL import Image
           2
           3  img = Image.open('photo\\001.jpg')
           4  img.thumbnail((500, 400))
```

```
In [4]:    1  img
```

Out[4]:

　前節ではリサイズ前の001.jpgを表示しましたが、それに比べてサイズが小さくなっていることが確認できます。

　もし、お手元のJupyter Notebookで表示された001.jpgの大きさが前節と変わっていなければ、サンプル1のコードをちゃんと実行したのかをチェックしてください。あたりまえですが、サンプル1のコードを実行しないと、本節で追加したリサイズ処理は実行されません。もちろん、実行してエラーになったのなら修正しましょう。

 ## リサイズ後の幅と高さも確認

　先ほどは動作確認として、リサイズ後の001.jpgをセル上に表示しました。表示された画像を見れば、小さくリサイズされたことはわかるものの、サンプル1の機能で求められる「幅は500ピクセル、高さは400ピクセルのいずれか大きい方を上限として、縦横比を保ったまま大きさを変える」のように、意図通りリサイズされたかどうか

は、これだけではわかりません。

　そこで、リサイズ後の001.jpgの大きさ（幅と高さ）の具体的な数値（ピクセル単位）を別のセルに表示してみましょう。画像の大きさはImageオブジェクトの「size」という属性で取得できます。サンプル1の機能には関係ない属性であり、動作確認のためだけに使います。

　001.jpgのImageオブジェクトは変数imgでした。したがって、001.jpgの大きさを取得するコードは以下になります。

```
img.size
```

　このコードを、リサイズ処理を実行した後に実行すれば、リサイズ後の001.jpgの大きさがわかります。では、動作確認用セルのコードを上記に変更してください。

動作確認用セル

変更前
```
img
```

⬇

変更後
```
img.size
```

　変更できたら、この動作確認用セルを実行してください。すると、次のように「(500, 375)」というかたちで大きさが表示されます。Imageオブジェクトである変数imgのsize属性の値をそのまま出力したことになります。

リサイズ後の幅と高さを出力

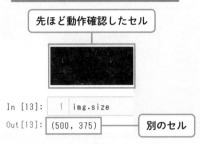

先ほど動作確認したセル

```
In [13]:   1  img.size
Out[13]:   (500, 375)
```

別のセル

　「500」が幅、「375」が高さになります。単位はピクセルです。全体がカッコで囲まれ、幅と高さの数値が「,」で区切られています。P96で少しだけ紹介したタプルという形式になります。

　001.jpgの元の大きさはChapter04-02で確認したように、1478 × 1108ピクセルでした。幅の方が大きいので横長の画像になります。そして、size属性を使ったコード「img.size」によって、リサイズ後の001.jpgの大きさは幅が500ピクセル、高さが375ピクセルであることがわかりました。

　001.jpgは横長の画像であるため、幅は元の1478ピクセルから、指定した上限である500ピクセルにリサイズされたことが確認できました。そして、縦横比を保ったまま幅500ピクセルにリサイズされた結果、高さは元の1108ピクセルから、自動的に375ピクセルに変更されたことも確認できました。

　これで「②リサイズする」の処理を作成できました。

上書き保存する処理を作ろう

 画像の保存はsaveメソッドで

　本節では、サンプル1の「③上書き保存する」を作成します。前節で作成した②の処理は、あくまでも内部的に001.jpgを開いたImageオブジェクト（変数img）をリサイズするまでです。実際にphotoフォルダー内の001.jpgにそのリサイズ結果を反映させるには、上書き保存する処理が必要になります。

　Pillowでは、画像の保存はImageオブジェクトの「save」というメソッドで行います。書式は次の通りです。

書式

> **Imageオブジェクト.save(ファイル名)**

　引数「ファイル名」には、保存したいファイル名を文字列として指定します。拡張子も必ず含めます。カレントディレクトリ以外の場所にある画像なら、その場所のパスもファイル名の前に付けます。

　そして、引数「ファイル名」は、元のファイルと同じ場所に同じ名前を指定すれば、上書き保存されます。同じ場所に別の名前を指定すれば、別名で保存されます。別の場所に同じ名前を指定して保存することも可能です。

　サンプル1はChapter03-05で紹介した通り、リサイズ後の画像を上書き保存したいのでした。したがって、引数「ファイル名」には同じ場所の同じ名前を指定します。

　以上を踏まえると、「③上書き保存する」のコードは以下とわかります。引数「ファイル名」は同じ場所に同じ名前ということで、①でPIL.Image.open関数に指定した引数とまったく同じになります。

```
img.save('photo¥¥001.jpg')
```

　それでは、このコードをサンプル1の末尾に追加してください。

サンプル1のセル

【追加前】

```
from PIL import Image

img = Image.open('photo¥¥001.jpg')
img.thumbnail((500, 400))
```

【追加後】

```
from PIL import Image

img = Image.open('photo¥¥001.jpg')
img.thumbnail((500, 400))
img.save('photo¥¥001.jpg')
```

　追加したら、まだ実行せず、動作確認は行わないでください。

001.jpgはバックアップしてから動作確認

「③上書き保存する」の処理のコードまで書けたので、さっそく実行して動作確認したいところですが、その前に001.jpgをバックアップしておきましょう。

リサイズした001.jpgは上書き保存するのでした。サンプル1の作成はこの後も続き、コードを追加変更していきます。次回以降の動作確認の際、リサイズ後の001.jpgを引き続き用いてしまっては、ちゃんとリサイズできたかがわからないなど、動作確認に支障をきたしてしまうでしょう。

そのような事態を避けるため、動作確認は毎回、リサイズ前の元の大きさ（1478×1108ピクセル）の001.jpgを用いる必要があります。そのため、001.jpgのバックアップを取っておきます。そして、一度動作確認が終わったら、使用した001.jpgを削除し、バックアップしておいた001.jpgに置き換え、次回の動作確認に用います。毎回いちいち置き換えなければならず、確かにメンドウなのですが、動作確認を適切に行うためには欠かせない手間です。

それでは、001.jpgのバックアップをしましょう。具体的には、photoフォルダー内の001.jpgを、どこか別の場所にコピーしておきます。場所はどこでも構わないのですが、今回はデスクトップとします。以下のように001.jpgをコピーしてください。

001.jpgをデスクトップにバックアップ

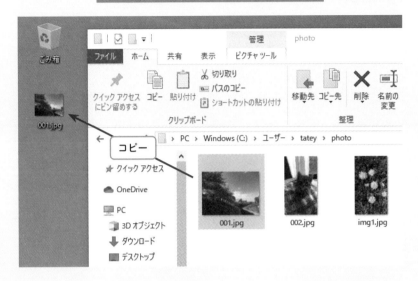

　コピーしてバックアップできたら、Jupyter Notebookのサンプル
1のセルに戻り、プログラムを実行してください。すると、001.jpg
がリサイズされ、上書き保存されます。photoフォルダーにてマウス
ポインターを重ねると、大きさが「500 × 375」とポップアップに表
示され、意図通りリサイズされたことが確認できます。

リサイズ後の大きさをphotoフォルダーで確認

注意！

環境によっては、ポップアップに表示される画像のサイズに、Pythonでリサイズした結果がすぐに反映されない場合があります。その場合は F5 キーを押して画面を更新してください。もしくは、一度他の画像のポップアップを表示してください。

　大きさはもちろん、001.jpgのファイルのプロパティを開いたり、「フォト」などのアプリで開いたりして確認しても構いません。

　リサイズ後の大きさ確認できたら、次回の動作確認に備え、バックアップしておいた001.jpgに戻しましょう。photoフォルダー内の001.jpgを削除してください。そして、バックアップ先（ここではデスクトップ）にある001.jpgを、photoフォルダーにコピーしてください。

バックアップしておいた001.jpgに戻す

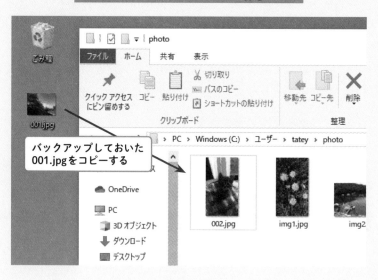

　これでリサイズ前の元の大きさ（1478 × 1108ピクセル）の001.

jpgに戻すことができました。もちろん、photoフォルダー内の001.jpgを削除しないまま、デスクトップの001.jpgをコピーして、上書きするかたちで置き換えても構いません。

　また、デスクトップにバックアップしておいた001.jpgも、次章以降の動作確認で使うので、そのままにしておいてください。

縦長の画像でも動作確認

　続けて、縦長の画像も試してみましょう。photoフォルダーにあるimg1.jpgを使います。ポップアップで大きさを表示すると、864×1536ピクセルという縦長の画像であることがわかります。このimg1.jpgをリサイズしてみます。まずはデスクトップなどにコピーしてバックアップを取っておいてください。

img1.jpgをデスクトップにバックアップ

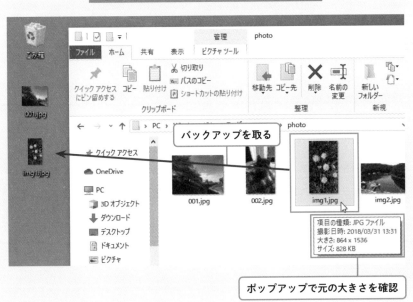

次にサンプル1のコードで、リサイズ対象の画像ファイルを001.
jpgからimg1.jpgに変更してください。該当箇所は2箇所あります。
変更作業は実質的に、「001.jpg」の「00」の部分を「img」に2箇所置
換することになります。

サンプル1のセル

変更前

```
from PIL import Image

img = Image.open('photo¥¥001.jpg')
img.thumbnail((500, 400))
img.save('photo¥¥001.jpg')
```

変更後

```
from PIL import Image

img = Image.open('photo¥¥img1.jpg')
img.thumbnail((500, 400))
img.save('photo¥¥img1.jpg')
```

　変更できたら実行してください。photoフォルダー内のimg1.jpg
の大きさをポップアップで確認すると、大きさは225 × 400ピクセ
ルであることがわかります（適宜 F5 キーで画面を更新してくださ
い）。

リサイズ後のimg1.jpgの大きさを確認

img1.jpg　　　　img2.jpg

項目の種類: JPG ファイル
大きさ: 225 x 400
サイズ: 34.0 KB

　縦長画像の場合、Chapter03-05で紹介した通り、高さを上限400ピクセルとして、縦横比を保ったままリサイズするのでした。img1.jpgは高さが400ピクセルになり、幅は縦横比を保ったままリサイズした結果225ピクセルになったのです。

　これでサンプル1は縦長画像でも意図通りリサイズできることが確認できました（もちろん、size属性を使ったコード「img.size」でも確認できます）。では、サンプル1のコードで、リサイズ対象の画像ファイルを元の001.jpgに戻しておいてください。サンプル1の作成には、まだしばらく001.jpgを使います。

サンプル1のセル

変更前

```
from PIL import Image


img = Image.open('photo¥¥img1.jpg')
img.thumbnail((500, 400))
img.save('photo¥¥img1.jpg')
```

変更後

```
from PIL import Image
```

```
img = Image.open('photo¥¥001.jpg')
img.thumbnail((500, 400))
img.save('photo¥¥001.jpg')
```

　そして、img1.jpgは再びChapter06以降で使うので、リサイズ前
の元の画像ファイルに戻しておきます。photoフォルダー内のimg1.
jpgを削除し、デスクトップにバックアップしておいたimg1.jpgをコ
ピーしておいてください。

バックアップしておいたimg1.jpgを戻す

Chapter

05

容量が200KB以上なら
リサイズする処理まで
作ろう

容量が200KB以上なら リサイズするには

 新たに必要な仕組みはこの2つ

　前章では、Chapter03-06で行った段階分けの【切り口1】に従い、容量に関係なく1つの画像をリサイズする処理まで作成しました。本章では【切り口2】に従い、容量が200KB以上なら、1つの画像をリサイズする処理まで作ります。

　本来はphotoフォルダー内のすべての画像について、200KB以上ならリサイズしたいのですが、本章では前章に引き続き、1つの画像のみをリサイズの対象とします。

　容量が200KB以上ならリサイズするには、現在のコードにそのための処理を追加するのですが、大きく分けて2つの仕組みが新たに必要になります。1つ目の処理は画像の容量を調べる仕組みです。Pythonにはファイルの容量を取得する関数が用意されているので、それを利用すれば1行のコードで済みます。

　2つ目は分岐です。Chapter02-02で概要をザッと紹介しましたが、処理の流れが途中で分かれる仕組みでした。指定した条件が成立するかしないかに応じて、異なる処理を実行できるのでした。この分岐がポイントになります。このあと改めて解説しますが、画像の容量に応じて、リサイズする／しないという処理を、この分岐を使って作ります。その具体的なコードの書き方も学びます。

本章で作成する機能と必要な2つの仕組み

◉ 本節で作成する機能

001.jpgのみ 　　　　　（「フォト」で開いた画面）

前章と同じく、
画像は001.jpgの
1つだけとするよ

1478

200KB以上なら
リサイズ！

この機能に必要な仕組み

画像の容量を調べる

分岐

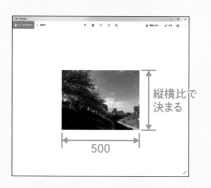

縦横比で
決まる

500

この2つの仕組みを
これから学ぶよ

画像の容量を調べてみよう

 容量はos.path.getsize関数で取得

　Pythonには、画像をはじめ各種ファイルの容量を取得するために、「os.path.getsize」という関数が用意されています。osモジュールの関数になります。書式は次の通りです。

書式

```
os.path.getsize（ファイル名）
```

　引数には、目的のファイル名を文字列として指定します。目的のファイルがカレントディレクトリ直下にないのなら、ファイル名の前に、その場所のパスを付ける必要があります。そのルールは前章で使ったPIL.Image.open関数と同じです。

　実行すると、そのファイルの容量が数値として返されます。その数値の単位は「B」（バイト）です。1024Bで1KB（キロバイト）になります。

　os.path.getsize関数を使うには、osモジュールをインポートしておく必要があります。そのコードは以下です。

```
import os
```

os.path.getsize関数を別のセルで体験しよう

　ここで、os.path.getsize関数を体験してみましょう。画像「001.jpg」の容量を取得し、print関数で出力するとします。サンプル1とは別に、os.path.getsize関数の体験のためだけの小さなプログラムを書いて実行するとします。それゆえ、コードはサンプル1のセルではなく、別のセルに記述するとします。ちょうどChapter04-04の動作確認にて、リサイズ後の001.jpgのサイズなどを表示するために、別のセルを用いたのと同様です。

　まずは001.jpgの容量を取得するには、どのようなコードを記述すればよいか考えます。os.path.getsize関数の書式にのっとり、引数には001.jpgのファイル名を文字列として指定します。001.jpgはカレントディレクトリ直下ではなく、その下のphotoフォルダーにあるので、ファイル名の前にフォルダー名を付けます。

　以上を踏まえると、001.jpgの容量を取得するコードは以下とわかります。

```
os.path.getsize('photo¥¥001.jpg')
```

　今回は取得した容量をprint関数で出力したいので、上記コードを丸ごとprint関数の引数に指定します。

　あわせて、osモジュールをインポートするコード「import os」も忘れずに記述します。このコードがないと、os.path.getsize関数は使えず、エラーになってしまいます。

　以上をまとめると、os.path.getsize関数の体験のコードは以下になります。

```
import os
```

```
print(os.path.getsize('photo¥¥001.jpg'))
```

　それでは、Jupyter Notebook に上記コードを入力・実行しましょ
う。上記コードを新しいセルに入力して実行してください。新しい
セルがなければ、ツールバーの［＋］をクリックして追加してくださ
い。実行すると、次の画面のように「533012」という数値が出力さ
れます。

001.jpgの容量を os.path.getsize 関数で取得して出力

　この数値が001.jpgの容量であり、533012バイトであることがわ
かりました。実際の001.jpgの容量なのか、念のためエクスプロー
ラーで確認しましょう。photoフォルダー上の001.jpgを右クリック
→［プロパティ］をクリックし、プロパティを開いてください。［全
般］タブの「サイズ」欄を見ると、「520KB（533012バイト）」と表示
されています。さきほど Jupyter Notebook 上に出力した001.jpgの
容量と同じバイト数であり、ちゃんと容量が取得できたことが確認
できました。

001.jpgのプロパティを開いて容量を確認

確認できたら、プロパティを閉じておいてください。

　参考までに、001.jpgの容量は「520KB」とキロバイト単位（KB）でも表示されていますが、533012を1024で割ってKB単位に換算すると（1KBは1024バイト）、約520になります。

分岐の条件式の記述に欠かせない「比較演算子」

 2つの値を比較した結果を返す演算子

　本節から分岐の基礎を学びます。Chapter02-02で触れたとおり、どう分岐するのかは条件が成立する/しないで決まります。条件は式のかたちで記述するよう決められており、その式は**条件式**と呼びます。

　条件式の記述に欠かせない仕組みが**比較演算子**です。比較演算子とは、2つの値を比較し、成立するか判定する演算子です。比較演算子は複数種類があり、たとえば2つの値が等しいかどうかを判定します。主な比較演算子は右ページの表の通りです。

　比較演算子の書式は右ページの図の通りです。比較したい2つの値を比較演算子の左辺と右辺に記述します。コードをより見やすくするため、両辺との間に半角スペースを挟むことがよくあります。この書式がそのまま条件式になり、成立するかどうかを判定します。

　判定結果として、その条件（比較）が成立するなら True、成立しないなら False を返します。成立する/しないを表す特別な値です。厳密な意味はともかく、True は「成立する」や「Yes」、False は「成立しない」や「No」のように捉えておけば、実用上は問題ありません。

比較演算子の概念と書式

◉書式

値1 比較演算子 値2

成立する ➤ **True**

成立しない ➤ **False**

Trueは日本語で「真」、
Falseは「偽」って
呼ぶことも多いよ。

◉主な比較演算子

演算子	意味
==	左辺と右辺が等しい
!=	左辺と右辺が等しくない
>	左辺が右辺より大きい
>=	左辺が右辺以上
<	左辺が右辺より小さい
<=	左辺が右辺以下

「等しい」は「=」が
2つ並ぶよ。
代入は「=」が1つ
だけだから、
間違えないでね。

◉例

条件式	返す値（判定結果）
1 = 1	True
1 <> 1	False
1 > 2	False
2 >= 2	True
1 < 2	True
2 <= 1	False

比較演算子を
体験しよう！

 数値の比較を体験しよう

　前節で比較演算子の基礎を学んだところで、体験しましょう。サンプル1とは別に、練習用の簡単なコードを記述・実行してみます。体験のコードは前節までに用いたセルとは、別のセルで記述・実行するとします。

　最初は、等しいかどうかを比較する演算子「==」を体験します。まずは左辺も右辺も数値を直接記述してみましょう。数値は両辺とも5とします。すると、条件式のコードは以下になります。==演算子と左辺右辺との間には、コードがより見やすくなるよう、半角スペースを挟むとします（以下同様）。

```
5 == 5
```

　この条件式の結果をprint関数で出力してみます。そのコードは以下になります。

```
print(5 == 5)
```

　上記コードをJupyter Notebookの新しいセルに入力して実行して

ください。新しいセルがなければ、ツールバーの［＋］をクリックして追加してください。実行すると、次の画面のように「True」が出力されます。

「5 == 5」の判定結果がTrueと出力された

```
In [2]:    1  print(5 == 5)
        True
```

　条件式は==演算子の両辺に数値の5を記述しています。両辺は同じ数値であり、等しいので条件が成立するため、判定結果としてTrueが得られました。それがprint関数で出力されたのです。

「〜以上」の比較を体験しよう

　次に、〜以上かどうかを判定する「>=」演算子を体験します。先ほどのコードの==演算子を>=演算子に書き換えてください。

```
print(5 >= 5)
```

　実行すると、「True」が出力されます。>=演算子は左辺が右辺以上かどうかを判定します。左辺も右辺も5であり、左辺が右辺以上なので条件は成立し、Trueが得られたのです。

「5 >= 5」の判定結果がTrueと出力された

```
In [3]:    1  print(5 >= 5)
        True
```

　続けて、右辺を5から8に変更してください。

```
print(5 >= 8)
```

実行すると、「False」が出力されます。5は8以上ではないので条件は成立せず、Falseが得られたのです。

「5 >= 8」の判定結果がFalseと出力された

```
In [4]:    1  print(5 >= 8)

           False
```

変数を使った比較を体験しよう

先ほどの体験では、比較演算子の両辺に数値を記述しましたが、比較演算子の基礎の基礎を体験するためのコードであり、通常はそのような使い方はしません。よくある使い方のひとつが変数と数値の比較です。その場合は左辺か右辺のいずれかに変数を記述しますが、一般的には左辺に記述します。また、変数同士の比較もよくあります。その場合、比較演算子の両辺に変数を記述します。

それでは、変数と数値の比較を体験してみましょう。今回、変数名は「boo」として、数値の5を代入しておくとします。そして、この変数booが数値の8以上か比較してみましょう。ちょうど先ほどの体験のコードにて、条件式の左辺が数値の5から変数booに置き換わったかたちになります。具体的なコードは以下です。

```
boo = 5
print(boo >= 8)
```

セルのコードを上記のように書き換えたら実行してください。す

ると、Falseが出力されます。1行目のコードにて、変数booに数値の5が代入されます。2行目のコードにて、その変数booが数値の8以上か比較しています。変数booの値は5であり、8以上ではないので条件は成立せず、Falseが得られたのです。

変数と数値を比較した結果

```
In [6]:    1  boo = 5
           2  print(boo >= 8)
         False
```

今度は変数booに代入する値を10に変更してみましょう。実行すると、Trueが出力されます。変数booの値は10であり、8以上なので条件は成立し、Trueが得られたのです。

変数の値を変えて比較した結果

```
In [7]:    1  boo = 10
           2  print(boo >= 8)
         True
```

比較演算子の体験は以上です。余裕があれば、数値を変更したり、他の演算子に変えたりして、いろいろ試してみるとよいでしょう。

なお、==演算子は両辺が等しいかどうかを比較するので、両辺を入れ替えて記述しても問題なく判定できます。等しくないか比較する!=演算子も同様です。逆に、左辺が右辺以上かを判定する>=演算子など、大小を判定する比較演算子の場合、両辺を入れ替えて記述すると、正しく判定できなくります。あたりまえに思えるかもしれませんが、注意してくだい。

if文による分岐の基礎を学ぼう

 条件が成立する場合のみ処理を実行

　比較演算子の次は、分岐の代表的な文である**if文**の基礎を学びましょう。

　if文には分岐のパターンによって、大きく分けて3種類が用意されています。もっとも基本的なパターンは「条件が成立する場合のみ処理をする」というものです。

　このパターンの書式は右ページの図です。「if」の後ろに半角スペースを挟み、条件式を記述します。この条件式は主に、前節までに学んだ比較演算子を用いて記述します。条件式に続けて、「:」(コロン)を記述します。

　そして、この「if 条件式:」の下の行に、一段インデントした上で、条件が成立する場合に実行したい処理のコードを記述します。インデントはいわゆる「字下げ」であり、通常は Tab キーで行います。一段インデントするには、Tab キーを1回押します。成立する場合に実行したい処理が複数あれば、それらのコードはすべてインデントして記述します。

　この書式に沿って記述すると、指定した条件が成立したら、if以下に入り、そこに記述したコードが実行されます。条件が成立しなければ、if以下には入らず、何も実行されません。

if文の1つ目のパターンの概念と書式

◉1つ目のパターンの概念

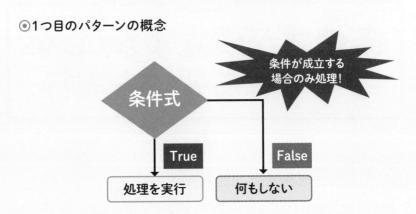

◉1つ目のパターンの書式

条件式が成立する/しないで異なる処理を実行

不成立時の処理は「else」以下に

　if文の2つ目のパターンは「条件が成立する場合と成立しない場合で、異なる処理を実行する」です。言い換えると、「条件式が成立する場合はある処理を実行し、成立しないなら別の処理を実行する」です。1つ目のパターンとの大きな違いは、条件が成立しない場合は別の処理を実行できる点です。1つ目のパターンでは、成立しない場合は何も処理は実行しません。

　このパターンの書式は右ページの図です。途中までは1つ目のパターンと同じですが、新たに「else」が登場します。後ろにコロンを付けて、「else:」と記述します。インデントはifと揃えます。そして、この「else:」の下の行に、成立しない場合に実行したい処理を、一段インデントした上で記述します。

　これらインデントのルールは守る必要があります。もし守らないと、エラーになるか、意図通りの実行結果が得られません。インデントは確かにメンドウかもしれませんが、インデントのおかげで誰が書いても同じ体裁のコードになり、結果的に読みやすさがアップします。

　なお、3つ目のパターンはP137のコラムで簡単に紹介します。

if文の2つ目のパターンの概念と書式

◉2つ目のパターンの概念

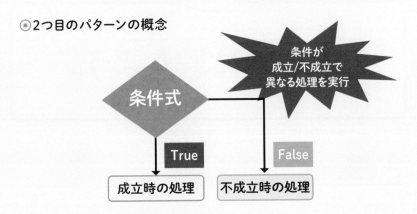

◉2つ目のパターンの書式

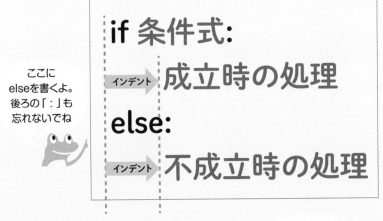

ここに
elseを書くよ。
後ろの「：」も
忘れないでね

「if 条件式:」と
「else:」のインデント
は揃えるよ

成立時と
不成立時の処理は
1段インデントしてね

if文を体験しよう

 if文の1つ目のパターンを体験

　if文の基礎を学んだところで、さっそく体験してみましょう。比較演算子と同じく、サンプル1とは別のセルを使います。

　最初にif文の1つ目のパターンを体験しましょう。体験のコードは以下とします。

①if文の前に、変数booを用意し、数値の10を代入しておく
②if文の条件式は「変数booが8以上か」
③成立する場合、文字列「こんにちは」を出力

　条件式が成立する場合のみ、指定した処理を実行するので、1つ目のパターンのif文になります。変数booと条件式については、Chapter05-04で行った比較演算子の体験と同じになります。

　では、実際にどのようなif文のコードを書けばよいか、順に考えていきましょう。上記①は「boo = 10」になります。比較演算子の体験で記述したコードと全く同じです。

　次は②のif文を考えます。Chapter05-05で学んだ1つ目のパターンのif文の書式に従い、まずは「if」を記述します。次の条件式は同じく比較演算子の体験で記述したように「boo >= 8」です。そして、

if文の書式に従い、条件式の前には「if」と半角スペースを書き、後ろに「:」を忘れずに付けます。ここまでをまとめると、②のコードは以下になります。

```
if boo >= 8:
```

③のコードは、文字列「こんにちは」をprint関数で出力すればよいので、「print('こんにちは')」になります。

以上を踏まえると、目的のコードは以下になります。今回はコードをより見やすくするため、①と②の間に空の行を入れるとします。

```
boo = 10

if boo >= 8:
    print('こんにちは')
```

③のコードは条件が成立する場合に実行したい処理なので、必ず一段インデントしてから記述しなければなりません。

では、このコードをJupyter Notebookの新しいセルに入力し、実行してください。すると、次の画面のように「こんにちは」と出力されます。

実行すると、「こんにちは」と出力された

```
In [10]:  1  boo = 10
          2
          3  if boo >= 8:
          4      print('こんにちは')
```
こんにちは

変数booの値は10であり、条件式「boo >= 8」は成立します。そのため、if文の中（インデントされた部分）に入り、「print('こんにちは')」が実行されたため、このような結果になったのです。

続けて、変数booの値を5に変更してみましょう。

変更前

```
boo = 10
     :
     :
```

⬇

変更後

```
boo = 5
     :
     :
```

実行すると、次の画面のように、何も出力されません。変数booの値は5であり、条件式「boo >= 8」は成立しません。そのため、if文の中には入らず、「print('こんにちは')」は実行されなかったので、このような結果になったのです。

実行しても、何も出力されない

```
In [11]:  1  boo = 5
          2
          3  if boo >= 8:
          4      print('こんにちは')

In [ ]:   1
```

インデントのあり/なしは大違い!

さて、ここでついでに、インデントのあり/なしの違いも体験して
みましょう。現在のコードの最後に、コード「print('さようなら')」
を追加してください。必ずインデントしてから追加してください。

追加前

```
boo = 5

if boo >= 8:
    print('こんにちは')
```

追加後

```
boo = 5

if boo >= 8:
    print('こんにちは')
    print('さようなら')
```

　実行すると、何も出力されません。変数booの値は5であり、条件
式「boo >= 8」は成立せず、if文の中には入りません。そのため、2
つのprint関数のコードはともに実行されないので、何も出力されな
かったのです。

「print('さようなら')」をインデントした実行結果

```
In [14]:    1  boo = 5
            2
            3  if boo >= 8:
            4      print('こんにちは')
            5      print('さようなら')

In [ ]:     1
```

もし、変数booの値を10など8以上の値に変更すると、条件が成立し、if文の中に入って、2つのprint関数のコードが実行されるので、「こんにちは」「さようなら」と出力されます。

　次に、2つ目のprint関数のコード「print('さようなら')」のインデントを削除してください。インデントの位置（コードの先頭位置）は「if 条件式:」と同じに変更することになります。

変更前

```
boo = 5

if boo >= 8:
    print('こんにちは')
    print('さようなら')
```

変更後

```
boo = 5

if boo >= 8:
    print('こんにちは')
print('さようなら')
```

　実行すると、今度は「さようなら」とだけ出力されます。コード「print('さようなら')」のインデントを削除しただけなのに、先ほどとは異なる実行結果になってしまいました。

「print('さようなら')」をインデントしない実行結果

```
In [12]:  1  boo = 5
          2
          3  if boo >= 8:
          4      print('こんにちは')
          5  print('さようなら')
```

さようなら

　一体なぜでしょうか？　変数booの値は5なので、条件は成立せず、if文の中には入らないので、コード「print('こんにちは')」は実行されず、「こんにちは」は出力されません。

　一方、コード「print('さようなら')」はインデントを削除したため、if以下の処理ではなくなってしまったのです。if文で条件が成立する場合に実行されるのは、if以下の処理──言い換えると、「if 条件式:」以降の行で一段インデントして記述したコードだけです。体験のコードは現時点では、「if 条件式:」以下でインデントしているコードは「print('こんにちは')」だけです。つまり、if文の中のコードは「print('こんにちは')」だけです。

　一方、2つ目のprint関数のコード「print('さようなら')」はインデントされておらず、インデントの位置は「if 条件式:」以下ではなく、同じになっています。そうなると、if以下の処理ではなく、if文とは全く関係ない別の処理と見なされます。if文の次に記述されたコードになるのです。

　そのため、if文の処理が終わったあと、順次の流れにのっとり、コード「print('さようなら')」が実行されます。if文とは一切関係ない処理なので、条件の成立する／しないにかかわらず、無条件に実行されてしまうのです。

「print('さようなら')」のインデントあり/なしの違い

◉「print('さようなら')」のインデントあり

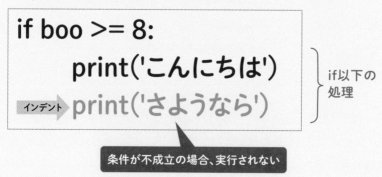

◉「print('さようなら')」のインデントなし

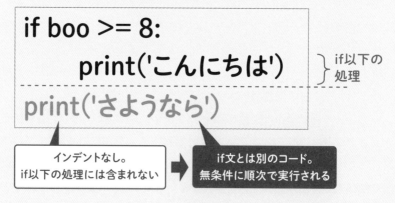

　このようにインデントを正しく入れなければ、意図した実行結果は得られなくなってしまうので注意しましょう。

　改めてまとめると、if以下の処理はインデントされたコードのみになります。このようにインデントされたひとかたまりのコードは「ブロック」と呼ばれます。コードを記述する際は、インデントを正しく入れて、目的の処理のコードだけをif以下のブロックに含めるよう

にしましょう。

　また、先ほどのコードのように、if文の最後のコードと、その次の
コードが連続した行に記述されていると、if文の終了位置が非常にわ
かりづらくなってしまいます。そのような事態を避けるため、以下の
例のように、if文の最後と次のコードの間に空の行を入れることをオ
ススメします。これなら、どのコードまでがif文なのか、よりわかり
やすくなります。

```
boo = 5

if boo >= 8:
    print('こんにちは')
    ←空の行を入れる
print('さようなら')
```

 ## if文の2つ目のパターンを体験

　if文の2つ目のパターンも体験しましょう。現在の体験コードを
少々発展させ、条件が成立しない場合、文字列「さようなら」を出力
するとします。具体的なコードは、前節で学んだ書式にのっとり、
「else:」を追加します。さらにelse以下のブロックとして、コード
「print('さようなら')」を一段インデントした上で記述します。では、
現在のコードを次のように変更してください。

```
boo = 5

if boo >= 8:
    print('こんにちは')
```

```
else:
    print('さようなら')
```

　変更できたら実行してください。すると、「さようなら」と出力されます。変数booの値が5であり、条件が成立しないので、else以下のブロックに入り、コード「print('さようなら')」が実行されたのです。

条件が成立せず、else以下が実行された

```
In [15]:   1  boo = 5
           2
           3  if boo >= 8:
           4      print('こんにちは')
           5  else:
           6      print('さようなら')
```
さようなら

　続けて、変数booの値を10に変更して実行してください。すると、「こんにちは」と出力されます。今度は条件が成立するので、if以下のブロックに入り、コード「print('こんにちは')」が実行されたのです。

条件が成立し、if以下が実行された

```
In [16]:   1  boo = 10
           2
           3  if boo >= 8:
           4      print('こんにちは')
           5  else:
           6      print('さようなら')
```
こんにちは

if文の体験は以上です。本節で体験し学んだ中でも、特にインデントのあり/なしによる違いをしっかりと理解しましょう。

\Column/

if文3つ目のパターン

if文の3つ目のパターンは、条件式が2つ以上になるという分岐になります。複数の条件に応じて処理を実行したい場合に用います。このパターンの書式は以下です。

書式

```
if 条件式1:
    処理1
elif 条件式2:
    処理2
elif 条件式3:
    処理3
       :
       :
else:
    処理
```

2つ目以降の条件式は「elif」を使い、「elif 条件式2:」のような形式で記述するのがポイントです。

実行すると、各条件式が上から順に評価され、成立すればそれ以下のブロックの処理が実行されます。どの条件式も成立しなければ、else以下のブロックが実行されます。

また、elseのブロックは省略できます。その場合、どの条件式も成立しなければ、処理は何も実行されません。

200KB以上の写真だけ
リサイズする処理を作ろう

 コードの大まかな構造を先に考えよう

　本章の目標はChapter05-01で述べたように、サンプル1におい
て、1つの画像（写真のJPEGファイル）について容量が200KB以上
ならリサイズする機能を作ることでした。そのために必要な処理が
画像の容量の取得と分岐の2つであり、ここまでにその基礎を学んだ
のでした。本節ではいよいよ、機能のコードを記述します。画像は
引き続き、「photo」フォルダー以下にある「001.jpg」を用いるとし
ます。

　ここでは、いきなりコードを書き始めるのではなく、どのような
処理手順なら目的の機能を作れるのか、コードは大まかにどのよう
なイメージになるのか、先に大まかな構造を考えてみましょう。

　画像の容量はos.path.getsize関数を使えば、バイト単位で取得で
きるのでした。そして、「容量が200KB以上ならリサイズ」は分岐の
if文を使えばできそうです。「容量が200KB以上」を条件として、成
立するならリサイズを実行するようにすればよいでしょう。コード
としては、if文の条件式に、容量が200KB以上かどうかを判定する
コードを記述し、かつ、if以下のブロックに、thumbnailメソッドで
リサイズを行う一連のコード（上書き保存も含む）を記述すれば、目
的の機能を作れそうです。

001.jpgが200KB以上ならリサイズする処理手順

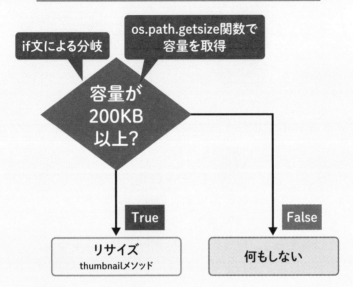

具体的なコードを記述しよう

　大まかな構造を考えたところで、さっそく具体的なコードを考え、記述していきましょう。

　まずは条件式です。条件は「容量が200KB以上」でした。001.jpgの容量はChapter05-02で学んだとおり、「os.path.getsize('photo¥¥001.jpg')」で取得できるのでした。「〜以上」はChapter05-03で学んだとおり、比較演算子の「>=」でした。

　「200KB」ですが、os.path.getsize関数はバイト単位で容量を取得するので、KB単位からバイト（B）単位に換算する必要があります。1KBは1024バイト（1024B）なので、200KBは200 × 1024 = 204800バイトになります。

　以上を踏まえると、目的の条件式は以下になります。>=演算子の両辺には、コードをより見やすくするよう、半角スペースを入れるとします。

```
os.path.getsize('photo¥¥001.jpg') >= 204800
```

この条件式をif文の書式にあてはめると、以下になります。

```
if os.path.getsize('photo¥¥001.jpg') >= 204800:
```

　あとはこのif以下のブロックに、001.jpgをリサイズする処理を記述すれば、目的の機能を作れます。このリサイズ処理は前章Chapter04-05ですでに作成しているので、そのまま使えます。
　また、os.path.getsize関数を使うので、osモジュールをインポートするimport文も忘れずに追加します。
　以上を踏まえると、現時点でのサンプル1のコードを次のように追加・変更すればよいとわかります。

追加・変更前

```
from PIL import Image

img = Image.open('photo¥¥001.jpg')
img.thumbnail((500, 400))
img.save('photo¥¥001.jpg')
```

追加・変更後

```
import os
from PIL import Image

if os.path.getsize('photo¥¥001.jpg') >= 204800:
    img = Image.open('photo¥¥001.jpg')
    img.thumbnail((500, 400))
```

```
img.save('photo¥¥001.jpg')
```

　前章のコードに対して、osモジュールのimport文およびif文を追加し、なおかつ、既存のリサイズ処理のコード3行をそのまま、if以下のブロックに入れるよう一段インデントすることになります。

　では、お手元のコードを上記のように追加・変更してください。既存のリサイズ処理のコード3行のインデントは、1行ずつ行ってもよいのですが、以下の手順ならまとめてインデントできます。

複数行のコードをまとめてインデント

目的のコードをドラッグして選択

```
In [ ]:    1  import os
           2  from PIL import Image
           3
           4  if os.path.getsize('photo¥¥001.jpg') >= 204800:
           5  img = Image.open('photo¥¥001.jpg')
           6  img.thumbnail((500, 400))
           7  img.save('photo¥¥001.jpg')
```

Tab キーを押すと、まとめてインデントされる

```
In [ ]:    1  import os
           2  from PIL import Image
           3
           4  if os.path.getsize('photo¥¥001.jpg') >= 204800:
           5      img = Image.open('photo¥¥001.jpg')
           6      img.thumbnail((500, 400))
           7      img.save('photo¥¥001.jpg')
```

　インデントを戻すには、 Shift + Tab キーを押します。

　なお、Chapter04-05では、最初に001.jpgをリサイズした後、img1.jpgをリサイズするようコードを変更し、最後にまた001.jpgに戻しました。もし、戻し忘れていたら、3箇所ある「img1.jpg」の部

分を「001.jpg」に変更してください。

 ## さっそく動作確認しよう

　サンプル1のコードを追加・変更できたら、動作確認しましょう。その前に、デスクトップにファイルをコピーするなど、001.jpgのバックアップを必ず取っておいてください。

　実行する前に念のため、001.jpgの容量と大きさを改めて再確認しておきましょう。photoフォルダーを開き、001.jpgにマウスポインターを重ね、ポップアップを表示するなどして確認してください。すると、容量は520KB、大きさは1478×1108ピクセルであることがわかります。

001.jpgの容量と大きさを再確認

　容量を再確認できたら、Jupyter Notebookに戻り、サンプル1を実行してください。実行できたらphotoフォルダーに戻り、再び001.jpgにマウスポインターを重ね、ポップアップにて大きさを確認してください。すると、500×375ピクセルにリサイズされたことがわかります。

001.jpgがリサイズされた

　001.jpgの元の容量は520KBであり、200KB以上です。そのため、if文の条件が成立し、if以下のブロックの処理が実行され、リサイズされたのです。001.jpgは横長画像のため、幅は500ピクセル、高さは縦横比を保ってリサイズされるのでした。

200KB未満の画像でも動作確認

　次に条件が成立しない場合の動作確認も忘れずに行いましょう。ここでは、同じphotoフォルダーにある002.jpgを用いるとします。002.jpgは容量と大きさをフォルダー上のポップアップで確認すると、容量は99.2KB、大きさは288 × 512ピクセルであることがわかります。容量は200KB未満のため、条件は成立せず、リサイズは行われないはずです。

002.jpgの容量を事前に確認

　実際に試してみましょう。処理対象の画像を001.jpgから002.jpgに変更するよう、コードを次のように変更してください。計3箇所ある「001.jpg」を「002.jpg」に変更します。実質、「001.jpg」の「1」の部分を「2」に変更するだけになります。

変更前

```
import os
from PIL import Image

if os.path.getsize('photo¥¥001.jpg') >= 204800:
    img = Image.open('photo¥¥001.jpg')
    img.thumbnail((500, 400))
    img.save('photo¥¥001.jpg')
```

変更後

```
import os
from PIL import Image
```

```
if os.path.getsize('photo¥¥002.jpg') >= 204800:
    img = Image.open('photo¥¥002.jpg')
    img.thumbnail((500, 400))
    img.save('photo¥¥002.jpg')
```

　変更できたら、実行してください。そして、photoフォルダーに
て、002.jpgの大きさを確認すると、288 × 512ピクセルのまま変
わっていないことがわかります。

実行しても、002.jpgはリサイズされなかった

　002.jpgは先述のとおり、容量は99.2KBであり、200KB未満のた
め条件は成立しません。if以下のブロックには入らず、そのまま抜け
るので、リサイズは行われず、このような結果になったのです。
　これでサンプル1は、容量が200KB以上なら、1つの画像をリサ
イズする機能まで作成できました。容量が200KB未満の画像ならリ
サイズされないことも確認でき、条件が成立しない場合も意図通り
動作することがわかりました。
　次章からは、複数の画像について、容量が200KB以上ならリサイ
ズできるよう、プログラムを発展させていきます。では、photoフォ
ルダーを元に戻し、次節に進んでください。

分岐の処理の動作確認はこの2点に注意！

 条件が成立しない場合のチェックも忘れずに

　if文による分岐の処理を動作確認する際、適切に実施するため、次の2点を注意してください。

　1点目は、条件が成立しない場合も必ず確認することです。if文の1つ目のパターンを用いたプログラムなら、条件が不成立の際にif以下に入らず、何も実行されないことを確認します。前節では最後に行った動作確認にて、処理対象の画像を容量が200KB以上の002.jpg一時的に変更し、不成立の場合の動作確認を行いました。このような不成立時の動作確認を怠ると、たとえば、実は条件式の内容が誤っていて、成立しないはずなのに成立してしまい、if以下の処理が想定外に実行されてしまうなどの不具合を見逃してしまいます。

　if文の2つ目のパターンを用いたプログラムなら、条件が成立しない場合はelse以下入り、そこに記述した命令文が正しく動作するか確認します。このような動作確認を怠ると、条件式の誤りに加え、たとえば、実は不成立時に実行する命令文が誤っていたなどの不具合を見逃すことになります。

　条件が成立しない場合の動作確認はついつい忘れがちなのですが、怠ると動作確認が不十分のままとなってしまい、あとでトラブルが表面化するので気を付けましょう。

条件が不成立時の動作確認はここをチェック

◉1つ目のパターンの書式

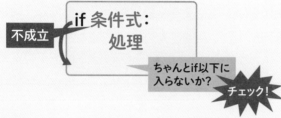

◉2つ目のパターンの書式

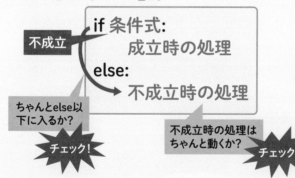

つい忘れがちだけど、ちゃんと動作確認しておくと、あとあとトラブルを防げるよ！

条件式に使うデータと得られるハズの結果を先に明確化

　注意してほしいことの2点目は、条件式に用いるデータを確かめ、かつ、得られるはずの結果を事前にちゃんと把握し、明確化しておくことです。どういうことかというと、たとえば前節では右ページの図のように、画像001.jpgの容量が200KB以上か判定する条件式を記述しました。動作確認の際、実際に001.jpgの容量は何KBなのか、フォルダー上などで実行前に把握しておく必要があります。

　そして、もし200KB以上であると把握したら、条件が成立してif以下に入り、リサイズが行われるはずだと想定されます。ここまで事前に把握・明確化した上で、本当にそうなるのか、実際に実行して確かめるのです。

　一方、002.jpgで動作確認を行う場合、容量が200KB未満であると把握したら、条件は成立しないためif以下には入らず、リサイズが行われないはずです。ここまで事前に把握・明確化した上で、本当にそうなるのか、実行して確かめます。

　このように条件式で用いるデータを事前に確かめ、条件が成立するケースなのか成立しないケースなのか、きちんと把握・明確化してから動作確認します。確かにメンドウかもしれませんが、これを怠ってしまうと、得られた結果が正しいのか正しくないのかわからなくなり、動作確認が適切に行えなくなってしまいます。

　把握・明確化の際、処理内容やコードがフクザツになってくると、頭の中だけで考えていては混乱しがちです。紙に手書きでよいので、見える化して整理しながら、把握・明確化するとよいでしょう。

分岐の動作確認は事前の準備がキモ

◉分岐の処理

条件式

```
if os.path.getsize('photo¥¥001.jpg') >= 204800:
    img = Image.open('photo¥¥001.jpg')
    img.thumbnail((500, 400))
    img.save('photo¥¥001.jpg')
```

えっと、条件式はコレで、
001.jpgの容量が200KB
以上か判定するんだな

◉実際のデータ

001.jpg

実際の001.jpgの
容量は520KB
だね。大きさは
1478×1108か

条件式で使う
データを把握！

容量が200KB以上
だから、条件式は成立す
るよな。ってことは、
if以下のブロックが実行
されて、リサイズされる
ハズだよね

項目の種類: JPG ファイル
撮影日時: 2019/03/07 14:09
大きさ: 1478 x 1108
サイズ: 520 KB

大きさ

容量

得られるはずの
結果を明確化！

◉動作確認

001.jpg

よしっ、ちゃんと
リサイズされたぞ！
動作確認OK!!

項目の種類: JPG ファイル
大きさ: 500 x 375
サイズ: 35.8 KB

大きさ

import文を記述する順番

複数のモジュールをインポートするプログラムの場合、import文を複数記述することになります。それらの記述する順番ですが、原則、どの順番でも構いません。ただ、慣例として、標準ライブラリのモジュールのimport文を先に記述し、そのあとにPillowなどサードパーティー製ライブラリのモジュールのimport文を記述するのが一般的です。

また、import文が多くなると、コードを見やすくするため、標準ライブラリとサードパーティー製との間に空の行を入れることも多々あります。

条件式だけを単独で動作確認

サンプル1では、if文を追加したあとに動作確認を行いました。処理対象の画像が001.jpgの場合、条件が成立して、リサイズが行われたことを確認しました。002.jpgの場合、条件は成立せず、リサイズは行われなかったことを確認しました。

このようにif文全体で動作確認を行う前に、if文の条件式だけを単独に動作確認することも可能です。セルに条件式だけを入力して実行します。すると、その条件式が成立するならTrue、不成立ならFalseが出力されます。

たとえば、次の画面のように処理対象の画像が001.jpgの条件式「if os.path.getsize('photo¥¥001.jpg') >= 204800:」だけを、サンプル1とは別のセルに入力・実行します。001.jpgは200KB以上なので、Trueが出力されます。

条件式だけをセルに入力して実行

```
In [3]:   1  os.path.getsize('photo¥¥001.jpg') >= 204800
Out[3]:  True
```

処理対象の画像を002.jpgに変更した条件式「if os.path.getsize('photo¥¥002.jpg') >= 204800:」を入力・実行すると、002.jpgは

200KBより小さいなので、Falseが出力されます。

ファイル名を変更し、不成立も確認

```
In [4]:   1  os.path.getsize('photo¥¥002.jpg') >= 204800
Out[4]:  False
```

　特に条件式がフクザツなコードの場合、if文を動作確認する前に、条件式だけを先に動作確認しておくと、よりスムーズに目的の処理を作れるでしょう。

\Column/

複数の条件で分岐する

　1つのif文に複数の条件を同時に指定することもできます。各条件式の結果をトータルして、全体で成立／不成立を判定します。大きく分けて2パターンあり、1つ目が「〜かつ〜なら」、2つ目は「〜または〜」というイメージです。
　1つ目のパターンでは、複数の条件式がすべて同時にTrueの場合のみ、全体でTrueと判定します。そのコードでは「and」という演算子を使います。前後に条件式を記述します。

書式

> 条件式1 and 条件式2・・・

　たとえば以下の画面では、if文の条件式に「boo >= 8 and foo >= 8」を指定しています。1つ目はTrueですが、2つ目はFalseであり、すべて同時にTrueではないため、全体ではFalseとなります。そのため、else以下のブロックが実行されています。もし、2つ目の条件式もTrueなら、全体でTrueとなり、if以下のブロックが実行されます。

and演算子を使った条件式

```
In [5]:    1  boo = 10
           2  foo = 5
           3
           4  if boo >= 8 and foo >= 8:
           5      print('こんにちは')
           6  else:
           7      print('さようなら')
```
さようなら

　２つ目のパターンでは、複数の条件式の少なくとも１つがTrueなら、全体でTrueと判定します。そのコードでは「or」という演算子を使います。前後に条件式を記述します。

書式

条件式１ or 条件式２・・・

　たとえば以下の画面では、if文の条件式に「boo >= 8 or foo >= 8」を指定しています。１つ目はTrueです。２つ目はFalseですが、少なくとも１つ目がTrueなので、全体ではTrueとなります。そのため、if以下のブロックが実行されています。

or演算子を使った条件式

```
In [6]:    1  boo = 10
           2  foo = 5
           3
           4  if boo >= 8 or foo >= 8:
           5      print('こんにちは')
           6  else:
           7      print('さようなら')
```
こんにちは

　上記の例は条件式が２つでしたが、３つ以上も可能です。このように複数の条件式で分岐することで、よりフクザツな処理が作れます。

Chapter

06

複数の画像のリサイズは
「繰り返し」と「リスト」が
カギ

複数の画像をリサイズ
したい！ どうすればいい？

 同じようなコードを並べても誤りではないけど……

　本書サンプル「サンプル1」は前章にて、Chapter03-06で行った段階分けの【切り口2】に従い、1つの画像について、容量が200KB以上ならリサイズする処理まで作成しました。本章から次章にかけて、段階分けの【切り口3】に従い、photoフォルダー内のすべての画像を同様にリサイズできるようプログラムを発展させていきます。

　そのためには、どうすればよいでしょうか？　現在は002.jpgのみをリサイズしています。ごく単純に考えれば右ページの図のように、この一連の処理のコード（前章で記述したif文以下の4行）をコピーし、ファイル名の部分を変更して、画像の数だけ並べればよさそうです。

　この方法は決して誤りではありません。しかし、if文以下のコード4行がphotoフォルダー内の画像の数（4つ）だけ必要となります。記述するだけでも大変であり、なおかつ、変更への対応に苦労するでしょう。たとえば、フォルダー名が変わったら、コードの該当箇所をすべて書き換えなければなりません。手間がかかる上に、記述ミスの恐れも常につきまといます。

　しかも、画像のファイル名の部分の変更にも問題があります。それぞれの画像について、いちいち手作業で変更していては、たとえばコピー＆貼り付け機能を使っても、膨大な時間がかかり、ミスも起こしがちになるでしょう。

「同じようなコードを並べる」の問題点

画像を1つリサイズするコードを4つぶん並べる！

**1つ目を
リサイズ**

```
if os.path.getsize('photo¥¥002.jpg') >= 204800:
    img = Image.open('photo¥¥001.jpg')
    img.thumbnail((500, 400))
    img.save('photo¥¥001.jpg')
```

**2つ目を
リサイズ**

```
if os.path.getsize('photo¥¥002.jpg') >= 204800:
    img = Image.open('photo¥¥002.jpg')
    img.thumbnail((500, 400))
    img.save('photo¥¥002.jpg')
```

> 2つ目を処理
> するよう変更

**3つ目を
リサイズ**

```
if os.path.getsize('photo¥¥002.jpg') >= 204800:
    img = Image.open('photo¥¥img1.jpg')
    img.thumbnail((500, 400))
    img.save('photo¥¥ img1.jpg')
```

> 3つ目を処理
> するよう変更

**4つ目を
リサイズ**

```
if os.path.getsize('photo¥¥002.jpg') >= 204800:
    img = Image.open('photo¥¥ img2.jpg')
    img.thumbnail((500, 400))
    img.save('photo¥¥ img2.jpg')
```

> 4つ目を処理
> するよう変更

この方法でも誤りではないが・・・

**ファイル名の部分の
変更がタイヘン！**

**記述や変更への
対応がタイヘン！**

画像が増えたら、
もっとタイヘンになっ
ちゃうよ

複数画像の処理は「繰り返し」を使えば効率的！

 ファイル名の一覧は関数でカンタンに得られる

　前節で挙げた問題は、「繰り返し」を使えば解決できます。Chapter02-03で解説したように、指定した処理を繰り返す仕組みです。繰り返しを利用すれば、容量が200KB以上なら画像を1つリサイズする処理を、photoフォルダー内の画像の数——つまり、4つぶん（4回）繰り返すようなコードを記述できます。すると、リサイズする処理のコードを記述するのは、画像がいくつに増えようと、1つぶんだけで済みます。Pythonでは繰り返しの文が何種類かあり、今回は「for」という文（以下、for文）を使います。

　その上、画像のファイル名の部分の変更の問題は、「listdir」という関数で解決できます。指定したフォルダー内のファイル名の一覧を取得できる関数です。osモジュールの関数になります（以下、「os.listdir関数」）。

　具体的な方法はこのあと順に解説しますが、os.listdir関数を使い、かつ、for文と組み合わせれば、photoフォルダー内にどのような名前の画像がいくつあろうと、いちいちファイル名の部分を手作業で変更する手間は一切不要で、すべてリサイズできるようになります。

　このfor文とos.listdir関数を使えば、前節の方法に比べて、コード量は劇的に少なく済み、記述の手間もミスの恐れも大幅に減らせるため、複数画像への対応がグッとラクになります。

繰り返しと os.listdir 関数で複数画像への対応がラクになる

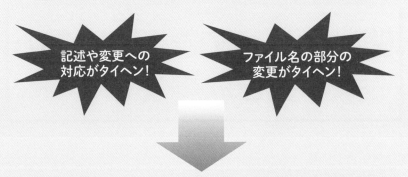

記述や変更への
対応がタイヘン！

ファイル名の部分の
変更がタイヘン！

繰り返しとos.listdir関数で解決！

4回
繰り返せ！

容量が200KB以上ならリサイズする処理

```
if os.path.getsize('photo¥¥002.jpg') >= 204800:
    img = Image.open('photo¥¥ ○○○.jpg')
    img.thumbnail((500, 400))
    img.save('photo¥¥○○○.jpg')
```

ファイル名の
一覧をos.listdir
関数で取得

変更に対応
するには、ここ
を書き換える
だけ！

リサイズする
処理は
1つだけ記述
すればOK！

os.listdir関数
で、ファイル名
の部分を変更
する手間は
不要！

 Chapter 06

関数ひとつでファイル名の一覧を取得できる

os.listdir 関数の使い方のキホン

さっそく前節で登場した for 文と os.listdir 関数を使い、photo フォルダー内のすべての画像をリサイズできるよう、コードを追加・変更していきたいところですが、for 文も os.listdir 関数も少々難しいところがあるので、両者のキホンを先に学びましょう。まずは本節にて、os.listdir 関数のキホンを学びます。

os.listdir 関数は前節で紹介したとおり、指定したフォルダー内のすべてのファイル名の一覧を取得する関数です。書式は右ページの図の通りです。また、使うには当然、os モジュールのインポートが必要になります。

引数には、目的のフォルダー名を文字列として指定します。指定のルールは画像ファイル名と同じです。カレントディレクトリ直下にあるフォルダーなら、その名前だけを文字列として指定します。もし、直下以外の場所にあるなら、そのパスも付けて記述します。

このように引数を指定して実行すると、そのフォルダー内のすべてのファイル名の一覧が戻り値として得られます。この一覧の形式については、次々節以降で改めて解説しますので、現時点では右ページの図のような何となくのイメージを把握していれば OK です。

os.listdir関数の書式と機能

◉ os.listdir関数の書式

$$os.listdir（フォルダー名）$$

フォルダー名は
文字列として指定してね

◉ os.listdir関数の機能

たとえばphotoフォルダーを引数に指定したなら・・・

photoフォルダー

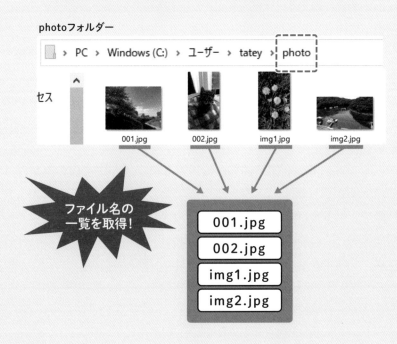

> PC > Windows (C:) > ユーザー > tatey > photo

セス

001.jpg　　002.jpg　　img1.jpg　　img2.jpg

ファイル名の
一覧を取得！

001.jpg
002.jpg
img1.jpg
img2.jpg

os.listdir関数を
体験しよう

 photoフォルダー内のファイル名を取得する

前節で学んだos.listdir関数を体験してみましょう。これまでの体験と同じく、Jupyter Notebookのセルはサンプル1とは別のものを使います。体験の内容は、photoフォルダー内の画像のファイル名の一覧を取得し、print関数で出力するとします。

どのようなコードを書けばよいか、考えていきましょう。前節で学んだとおり、ファイル名の一覧はos.listdir関数で取得できるのでした。引数に目的のフォルダー名を文字列として指定すればよいのでした。したがって、引数には文字列「photo」を指定すればよいことになります。

そして、os.listdir関数は引数に指定したフォルダー内のファイル名の一覧が戻り値として得られるのでした。今回は一覧を出力したいので、os.listdir関数の戻り値をprint関数で出力すればよいことになります。

以上を踏まえると、目的のコードは以下になります。

```python
print(os.listdir('photo'))
```

os.listdir関数の引数には、photoフォルダーの名前を文字列として

指定しています。photoフォルダーはカレントディレクトリ直下になるので、フォルダー名のみを指定すればOKですが、もし別の場所にあるフォルダーなら、フォルダー名の前にそのパスを付ける必要があります。

そして、os.listdir関数をprint関数の引数に丸ごと指定しています。これで、os.listdir関数の戻り値がprint関数によって出力されます。

また、今回はosモジュールをインポートするコード「import os」も加え、以下のコードとします。

```
import os

print(os.listdir('photo'))
```

本来、前章で「サンプル1」やos.path.getsize関数の体験のコードを実行していれば、「import os」が一度実行されるので、osモジュールはインポート済みになり、本節での体験のコードでは「import os」は不要になります。

ただ、その間にJupyter Notebookを一度終了したりパソコンを再起動したりすると、osモジュールのインポートが無効になります。そのようなケースも想定し、ここでは「import os」を記述するとします。本書では以降、他の関数などの体験でも、モジュールのインポートは毎回行うとします。

ファイル名の一覧は「リスト」形式で得られる

これでos.listdir関数の体験のコードがわかりました。では、Jupyter Notebookにて、新しいセルを追加し、上記コードを記述してください。記述できたら、さっそく実行してみたいところですが、

その前に念のため、photoフォルダー内にどのような名前のファイルがあるのか、改めて確認しておきましょう。

　photoフォルダーを開くと、以下の画面のように、計4つの画像ファイルがあることが確認できます。その際、拡張子を表示するため、［表示］タブの［ファイル名拡張子］にチェックを入れてください。

- 001.jpg
- 002.jpg
- img1.jpg
- img2.jpg

photoフォルダーの中身を改めて確認

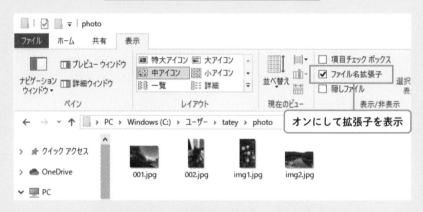

　photoフォルダーの中身を確認できたら、体験のコードを実行してください。すると、以下のような実行結果が得られます。

os.listdir関数の体験のコードを実行した結果

```
In [1]:   1  import os
          2
          3  print(os.listdir('photo'))
```
['001.jpg', '002.jpg', 'img1.jpg', 'img2.jpg']

　4つの画像のファイル名（拡張子あり）が並んで出力されています。os.listdir関数によって、photoフォルダーに含まれるファイル名の一覧が取得され、それがprint関数で出力された結果になります。

　出力された内容をもう少し詳しく見ていきましょう。まず、4つのファイル名はそれぞれ「'」（シングルコーテーション）で囲まれているので、文字列であることがわかります。

　そして、注目していただきたいのが、全体が「[」と「]」で囲まれていることです。あわせて、各ファイル名は「,」（カンマ）で区切られていることにも注目してください。

os.listdir関数で得られたファイル名の一覧の形式

◉ **各ファイル名は文字列の形式**

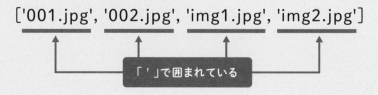

['001.jpg', '002.jpg', 'img1.jpg', 'img2.jpg']

「 ' 」で囲まれている

◉ **全体が「[」と「]」で囲まれている**

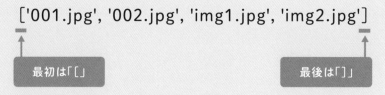

['001.jpg', '002.jpg', 'img1.jpg', 'img2.jpg']

最初は「[」　　　　　　　最後は「]」

◉ **各ファイル名が「,」で区切られて並ぶ**

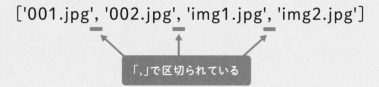

['001.jpg', '002.jpg', 'img1.jpg', 'img2.jpg']

「,」で区切られている

　このようなデータの形式は**リスト**と呼ばれます。Pythonではよく登場する形式であり、複数のデータを効率よく処理するのに重宝します。実はos.listdir関数では、得られたファイル名の一覧をこのリストという形式で返すよう決められているのです。

　これからサンプル1を複数の画像をリサイズできるよう発展させるためには、os.listdir関数によってリストの形式で得られたファイル名の一覧を用いて処理するコードを記述する必要があります。その

ために必要な知識として、次節にてリストのキホンを学びます。

\Column/

「ユーザー定義関数」もある

　Pythonには「ユーザー定義関数」という仕組みもあります。プログラマー
が自分のオリジナルの関数を定義して使える仕組みです。複数の命令文によ
る同じ処理が何度も登場する場合、それらをユーザー定義関数としてまとめ
て切り出し部品化します。そして、元の場所では、その関数を呼び出して実
行するようにします。これによって、コードの重複が解消され、見た目が
スッキリわかりやすくなったり、機能の追加・変更がラクになったりするな
どのメリットが得られます。

　その処理の流れのイメージは以下の図のように、途中でユーザー定義関数
に移り、また戻ることになります。この関数を呼び出して実行する度に、中
身である命令文AとBがその都度実行されます。コードの書き方はのちほど
P367で解説しますが、このイメージだけを何となく頭に入れておくとよい
でしょう。

ユーザー定義関数の処理の流れ

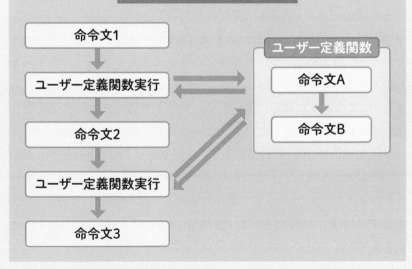

「リスト」のキホンを学ぼう

 複数の"箱"が並んだものがリスト

　リストとは、複数の変数が集まったものです。日常の世界で「リスト」と言えば一般的に、名簿など同じ種類のデータが並んだものを意味します。Pythonのリストも本質的に同じであり、数値や文字列などの値（データ）が入った変数が複数並んだものになります。

　リストは複数の値をまとめて扱うのに適した仕組みです。複数の変数を個別に扱う方法に比べ、リストを使った方が大幅に効率よく処理できるプログラムをより簡潔なコードで書けます。

　その理由ですが、変数は「値が入った"箱"」というイメージでした。リストは「"箱"が順に複数並んだもの」というイメージになります。それらの"箱"には、それぞれ異なる値を入れることができます。そして、リストの"箱"はたとえば、「〜番目の"箱"にこの数値を代入する」などのように個別に使ったり、「先頭の"箱"から順に値を取り出して計算に用いる」などのように、まとめて使ったりします。

　リストの個々の"箱"は「要素」と呼びます。これから「要素」という用語が登場したら、「リストの個々の"箱"のことなんだな」と思い浮かべてください。そして、要素の数のことは「要素数」と呼びます。本書では以降、「要素」および「要素数」という用語を用いていくとします。

リストは"箱"が順に複数並んだもの

リスト

"箱"=変数が順に複数並んだもの

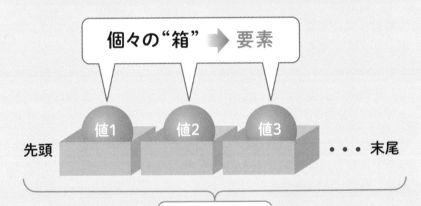

個々の"箱" ➡ 要素

先頭　　　　　　値1　　値2　　値3　　・・・　末尾

要素の数

要素数

リストはこんな
イメージって捉えれ
ばOKだよ！

要素数は
いくつにでもできるよ

リストのコードの書き方のキホン

 全体を「[」と「]」で囲み、要素を「,」で区切る

本節にて、リストのコードの書き方のキホンを学びましょう。まずはリストを作成するコードです。

書式は右ページの図（A）です。半角の「[」と「]」で全体を囲みます。その中に、要素に入れたい値を「,」で区切りつつ、必要な数だけ並べます。この数が要素数になります。末尾（最後）の要素の値のみ後ろの「,」は不要です。値には数値や文字列などを指定できます。これで、指定した要素数のぶんだけ要素が用意され、先頭の要素から指定した順に値が格納され、リストが生成されます。

なお、Pythonの文法・ルールとしては、「,」の後ろの半角スペースは入れなくても構いませんが、入れた方が各値がより見やすくなります。本書では、半角スペースは入れるとします。

リストの作成の例が右ページの図（B）です。要素は文字列「アジ」、「サンマ」、「サバ」、「タイ」の4つであり、それらが先頭から順に格納されたリストになります。

この例はリストの書式に沿って、自分で記述して作ったものです。一方、os.listdir関数は取得したフォルダー内のファイル名をリストの書式に整えて返します。このようにリストは自分で記述して作ることもできれば、関数などが作成したものを得ることもできます。

リストの書式と例

（A）リストの書式

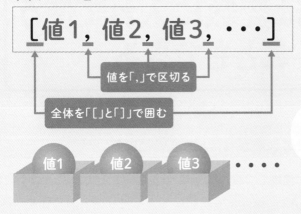

値を「,」で区切る

全体を「[」と「]」で囲む

指定した値が
先頭の"箱"から
順番に入るよ

（B）リストの例

$$['アジ', 'サンマ', 'サバ', 'タイ']$$

末尾は「,」が不要

個々の値はリスト先頭から
こんな感じで入るよ

値を4つ指定して
いるから、要素数
は4だね

リストは変数に入れて使う
こともできる

 入れた変数の名前がリストの名前になる

　リストは変数に格納して使うこともできます。そのコードの書式は右ページの図（A）になります。前節で学んだリストの書式を、＝演算子で丸ごとそのまま変数に代入するかたちになります。

　リストは"箱"——変数の集まりでした。右ページの図（A）はPythonの文法的には、その集まりをさらに変数に入れるかたちになります。リストを変数に代入すると、そのリストをその変数で扱えるようになります。つまり、リストを変数に代入したあとは、コードにその変数名を記述すれば、リストそのものとして処理に用いることができます。

　右ページの図（A）の書式で指定した変数名はリストの名前と見なせます。そのため、一般的には「リスト名」と呼ばれます。本質的には変数なのですが、リストが格納されているので、その変数名のことを便宜上、リスト名と呼ぶだけです。単なる呼び方の違いにすぎないので、あまり難しく考えずに、この呼び方を使えば構いません。

　リストを変数に格納する例が右ページの図（B）です。リストは前節で登場したものと同じです。それを＝演算子で変数「ary」に代入しています。これで、このリストはリスト名「ary」として、処理に用いることができます。

リストを変数に格納する書式と例

（A）リストを変数に入れる書式

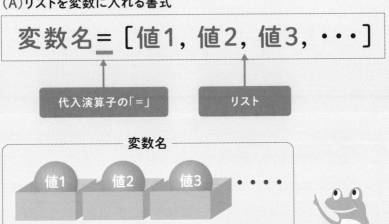

（B）リストを変数に入れる例

これでこのリストは
aryっていう名前で
扱えるよ

リストを体験しよう

 リストを作成し、変数に入れて出力

　リストのキホンはまだ学んでおきたいことがいくつかありますが、本節でひとまず、ここまで学んだ内容を体験してみましょう。

　体験に用いるリストは前節で挙げた例と同じものとします。要素は文字列「アジ」、「サンマ」、「サバ」、「タイ」の4つであり、それを変数「ary」に代入します。すると、このリストはリスト名「ary」として処理に使えるのでした。ここでは、そのリストaryの中身をprint関数で出力するとします。

　上記リストを変数aryに格納するコードは、前節で学んだように「ary = ['アジ', 'サンマ', 'サバ', 'タイ']」でした。このリストaryを出力するには、print関数の引数にそのまま指定します。よって、体験のコードは以下になります。

```
ary = ['アジ', 'サンマ', 'サバ', 'タイ']
print(ary)
```

　それでは、Jupyter Notebookにて新しいセルを追加し、上記コードを入力して実行してください。すると、次の画面のような結果が得られます。

リストaryを作成して出力した結果

```
In [6]:    1  ary = ['アジ', 'サンマ', 'サバ', 'タイ']
           2  print(ary)

['アジ', 'サンマ', 'サバ', 'タイ']
```

　コード「print(ary)」によって、リストaryの中身がそのまま出力されます。リストaryの中身とは、その前のコードによって変数aryに代入したリスト「['アジ', 'サンマ', 'サバ', 'タイ']」になります。そのリストがそのままprint関数で出力されたことになります。

　これで、リストを変数に格納すると、そのリスト名（変数名）を記述すれば、処理に使えることが確認できました。そして、見方を変えると、その変数をリストそのものとして処理に使えることも確認できたことになります。

リストの個々の要素を扱うには

 何番目の"箱"なのか、「インデックス」で指定

　リストのキホンとしてさらに学んでおくべきことが、リストの個々の要素を扱う方法です。個々の要素に対して、格納されている値を取得したり、別の値に変更したりする方法になります。

　複数あるリストの要素のうち、どれを扱う対象にするのかは、「インデックス」という仕組みで指定します。インデックスとは、整数の連番です。リストの先頭から何番目の要素なのか、インデックスで指定することで、目的の要素を決定します。

　ポイントは、インデックスが始まるのは1ではなく、0であることです。たとえば、先頭の要素なら、インデックスは0になります。2番目の要素なら1、3番目の要素なら2になります。「インデックスは1から始まる」と勘違いしやすいので注意しましょう。

　ちなみに、インデックスが0から始まる理由ですが、ザックリ言えば、その方がコンピューターにとって扱いやすいからです。この理由は正しく理解できていなくとも、「0から始まるものなんだ」と割り切っておぼえていれば、プログラミングの実用上はまったく問題ありません。他のプログラミング言語でもリストと同じ仕組みはあり、すべてインデックスは0始まりです。

　なお、インデックスは「オフセット」と呼ばれる場合もあります。

リストのインデックスの仕組み

◉リストの個々の要素はインデックスで扱う

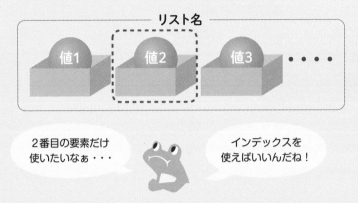

◉インデックスは0から始まる連番

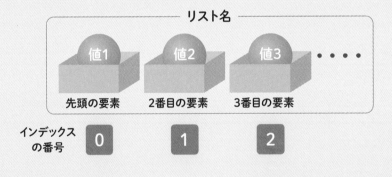

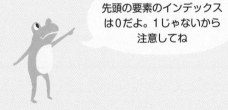

先頭の要素を「0番目の要素」として、その次の要素を「1番目の要素」といった表し方もありますが、本書は上記の表し方とします。

インデックスはこう指定する

　リストのどの要素を扱う対象にするのかを指定するコードの書式は右ページの図（A）のとおりです。リスト名（リストを代入した変数名）に続けて、「[」と「]」の中にインデックスの番号を数値として指定します。このように取得すると、指定したインデックスの要素の値が得られます。

　たとえば、前節で例にあげたリストaryにて、先頭の要素の値を取得するには、右ページの図（B）のように記述します。インデックスは0から始まるので、先頭の要素なら0になるのでした。リストaryの先頭の要素は文字列「アジ」でした。したがって、「ary[0]」と記述すると、文字列「アジ」が得られます。

　リストaryの3番目の要素を取得するには、どのように記述すればよいでしょうか？　正解は右ページの図（C）です。インデックスは0から始まるので、先頭の要素なら0、2番目の要素なら1……となるのでした。今度は3番目の要素を取得したいので、インデックスは2を指定すればよいことになります。リストaryの3番目の要素は文字列「サバ」なので、「ary[2]」と記述すると、文字列「サバ」が得られます。そして、「ary[3]」と記述すると、4番目の要素である文字列「タイ」が得られます。

　リストのインデックスの使い方で、最低限押さえておくべきことは以上です。インデックスを0始まりとして指定することは、慣れるまではなかなか難しく、誤ってしまうことも多々あるかもしれません。本節の図で示した要素とインデックスの関係を常に念頭に置くようにしましょう。最初の頃は、この図や前節の図を紙にコピーして、パソコンのディプレイの枠に貼っておいたり、扱いたいリストを紙に手書きでよいので、本節の図のように見える化したりながら、コードを記述するといった方法もアナログ的ですが有効です。

リストのインデックスの書式と例

（A）インデックスで要素を指定する書式

リスト名 ［インデックス］

「［」

インデックスの
番号の数値

「］」

こう書くと、そのインデックス
の要素の値が得られるよ

⦿リストaryの要素の値を取得する例

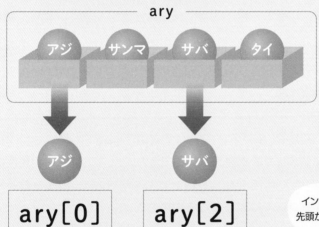

ary

アジ　サンマ　サバ　タイ

アジ

サバ

`ary[0]`

`ary[2]`

（B）先頭の要素の値　　（C）3番目の要素の値

インデックスは
先頭が0だったね！

177

リストのインデックスを体験しよう

 リストの各要素の値を取得・出力する

　リストのインデックスのキホンを学んだところで、体験してみましょう。引き続きリスト ary を使うとします。そして、本節の体験では、Jupyter Notebook の新しいセルではなく、前々節（Chapter06-08）の体験で使ったセルをそのまま用いるとします。そのセルのコードを追加・変更することで、リストのインデックスを体験します。

　Chapter06-08 の体験の2行目のコードは「print(ary)」と、リスト ary を print 関数で出力しています。そのコードをリスト ary の先頭の要素の値を取得して出力するよう追加・変更してみましょう。

　前節のおさらいになりますが、リストの個々の要素の値を取得するには、「リスト名［インデックス］」の書式で記述すればよいのでした。インデックスは0から始まる連番であり、リストの先頭の要素は0を指定すればよいのでした。したがって、リスト ary の先頭の要素の値を取得するコードは以下になるのでした。

```
ary[0]
```

　それでは、前々節の体験のコードを書き換えましょう。print 関数の引数を「ary」から、上記の「ary[0]」に変更することになります。実質はリスト名のうしろ「[0]」を追加するのみになります。

追加前
```
ary = ['アジ','サンマ','サバ','タイ']
print(ary)
```

追加後
```
ary = ['アジ','サンマ','サバ','タイ']
print(ary[0])
```

　実行すると、「アジ」と出力されます。リストaryの先頭の要素は文字列「アジ」であり、その値が「ary[0]」によって取得され、print関数で出力されたのです。

リストaryの先頭の要素の値を取得して出力

```
In [10]:   1  ary = ['アジ', 'サンマ', 'サバ', 'タイ']
           2  print(ary[0])
           アジ
```

　続けて、2〜4番目の要素の値も取得・出力してみましょう。インデックスの値を増やしながら実行してください。

●2番目の要素　→　インデックスは1
```
print(ary[1])
```

リストaryの2番目の要素の値を取得して出力

```
In [11]:   1  ary = ['アジ', 'サンマ', 'サバ', 'タイ']
           2  print(ary[1])
           サンマ
```

● 3番目の要素　→　インデックスは2

`print(ary[2])`

リストaryの3番目の要素の値を取得して出力

```
In [12]:    1  ary = ['アジ', 'サンマ', 'サバ', 'タイ']
            2  print(ary[2])
         サバ
```

● 4番目の要素　→　インデックスは3

`print(ary[3])`

リストaryの4番目（末尾）の要素の値を取得して出力

```
In [13]:    1  ary = ['アジ', 'サンマ', 'サバ', 'タイ']
            2  print(ary[3])
         タイ
```

　繰り返し強調しますが、インデックスは0から始まります。慣れないあいだは「1から始まる」と思い込み、誤ってコードを記述しがちなので注意しましょう。

要素数以上の値をインデックスに指定すると？

　注意していただきたいのが、インデックスにリストの要素数より多い値を指定してしまうと、エラーになることです。存在しない要素を取得しようとするからです。

　たとえば、リストaryのインデックスに4を指定したとします。インデックスは0から始まるので、4を指定すると、5番目の要素を指定したことになります。リストaryの要素数は4であり、末尾（最後）の要素である4番目のインデックスは3です。もし、インデックス

に4を指定すると、存在しない5番目の要素の値を取得しようとします。そのようなコードを実行するとエラーになってしまいます。

インデックスに4を指定するとエラーになる

```
In [14]:  1 ary = ['アジ', 'サンマ', 'サバ', 'タイ']
          2 print(ary[4])
--------------------------------------------------------------
IndexError                                Traceback (most recent call last)
<ipython-input-14-96eb89921c42> in <module>
      1 ary = ['アジ', 'サンマ', 'サバ', 'タイ']
----> 2 print(ary[4])

IndexError: list index out of range
```

　実際に実行すると上記画面のようなエラーメッセージが表示されます。エラーメッセージをよく読むと、「IndexError」と表示されており、インデックスに関するエラーであることがわかります。メッセージの最後には、「list index out of range」と表示されており、リストのインデックスが範囲から外れていることもわかります。もし、このようなエラーメッセージが表示されたら、インデックスの指定が不適切でないか確認してください。

　リストのキホンは以上です。ここまではインデックスを用いて、個々の要素の値を取得する方法を学びましたが、「リスト名［インデックス］」に続けて＝演算子と値を記述して「リスト名［インデックス］＝値」とすれば、個々の要素にその値を格納できます。すでに値が格納されている場合、別の値を代入すれば、その要素の値を変更できます。他にも要素の追加など、リストはさまざまな操作が行えます。

photoフォルダー内のファイル名を取得・出力しよう

 os.listdir関数で得られたリスト操作を体験

本節では、リストのインデックスの体験の続きとして、サンプル1の photoフォルダー内のファイル名を1つずつ取得・出力してみましょう。

os.listdir関数を使えば、指定したフォルダー内のファイル名のリストを取得できるのでした。Chapter06-04では体験として、photoフォルダー内の画像のファイル名のリストを取得・出力しました。実行すると、以下のようなファイル名のリストが出力されたのでした。実行結果の画面もあわせて再度掲載しておきます。

['001.jpg', '002.jpg', 'img1.jpg', 'img2.jpg']

os.listdir関数の戻り値をそのまま出力した結果

```
In [1]:    1  import os
           2
           3  print(os.listdir('photo'))

['001.jpg', '002.jpg', 'img1.jpg', 'img2.jpg']
```

本節では、インデックスを用いて、このリストから個々の要素の値であるファイル名を取得・出力していきます。その際、ファイル

名のリストは変数に格納して使うとします。変数名は何でもよいのですが、今回は「fnames」とします。

　この変数fnamesにファイル名のリストを格納するには、どうすればよいでしょうか？　photoフォルダー内のファイル名のリストを得るには、os.listdir関数を使い、引数に目的のフォルダー名である「photo」を文字列として指定すればよいのでした。取得したファイル名のリストはos.listdir関数の戻り値として得られるのでした。

　このos.listdir関数の戻り値を変数fnamesに代入すれば、ファイル名のリストを格納できます。そのコードは以下になります。

```
fnames = os.listdir('photo')
```

　このコードの大まかな骨格は、変数fnamesに＝演算子で代入する処理です。os.listdir関数の戻り値を代入したいので、＝演算子の右辺には「os.listdir('photo')」を丸ごと記述しています。

　これで、photoフォルダー内のファイル名のリストを、リスト名fnames（変数fnames）として扱えるようになりました。個々のファイル名を取得・出力するには、個々の要素の値を出力すればよいことになります。

　ここで、個々のファイル名を取得・出力する前に、念のため確認として、リストfnamesを丸ごと出力してみましょう。リストを丸ごと出力するには、Chapter06-08の体験にてリストaryを丸ごと出力したように、print関数の引数にリスト名のみを指定すればよいのでした。

　以上を踏まえると、目的のコードは以下になります。また、os.listdir関数を使うので、osモジュールをインポートするコードも忘れずに記述します。

```
import os

fnames = os.listdir('photo')
print(fnames)
```

　本節の体験は、新しいセルを用いるとします。では、Jupyter Notebookの新しいセルを追加し、上記コードを記述してください。
　実行すると、以下の画面のような結果が得られます。photoフォルダー内のファイル名のリストであり、os.listdir関数の戻り値と同じであることが確認できました。

リストfnamesの中身をそのまま出力

```
In [2]:   1  import os
          2
          3  fnames = os.listdir('photo')
          4  print(fnames)
```

['001.jpg', '002.jpg', 'img1.jpg', 'img2.jpg']

photoフォルダー内のファイル名を取得・出力

　それでは、photoフォルダー内の個々のファイル名を取得・出力してみましょう。
　リストの個々の要素の値を取得するには、リスト名にインデックスを付ければよいのでした。たとえば先頭の要素なら、インデックスに0を指定すれば、その値を取得できます。今回のリスト名はfnamesなので、以下のように記述すれば、リストfnamesの先頭の要素の値が取得できます。

```
fnames[0]
```

　この先頭の要素は、os.listdir関数で得られたファイル名のリスト
の先頭の要素になります。あとはこの要素の値をprint関数で出力す
るだけです。

　では、現在のコードを上記のように変更しましょう。実際には、
現在はリスト名だけを指定しているprint関数の引数にて、リスト名
の後ろにインデックスを追加することになります。

追加前
```
import os

fnames = os.listdir('photo')
print(fnames)
```

追加後
```
import os

fnames = os.listdir('photo')
print(fnames[0])
```

　実行すると、以下の画面ように「001.jpg」と出力されます。リス
トfnamesの先頭の要素の値は文字列「001.jpg」でした。その値が取
得・出力されたことになります。これで先頭のファイル名を取得・
出力できました。

リストfnamesの先頭の要素の値を出力

```
In [3]:    1  import os
           2
           3  fnames = os.listdir('photo')
           4  print(fnames[0])

001.jpg
```

　続けて、2番目以降の要素の値も取得・出力していきましょう。以下のようにインデックスを書き換えて実行し、出力される値を確認してください。

🍎2番目のファイル　→　インデックスは1

```
print(fnames[1])
```

リストfnamesの2番目の要素の値を出力

```
In [4]:    1  import os
           2
           3  fnames = os.listdir('photo')
           4  print(fnames[1])

002.jpg
```

🍎3番目のファイル　→　インデックスは2

```
print(fnames[2])
```

リスト fnames の3番目の要素の値を出力

```
In [5]:   1  import os
          2
          3  fnames = os.listdir('photo')
          4  print(fnames[2])

img1.jpg
```

● 4番目のファイル → インデックスは3
print(fnames[3])

リスト fnames の末尾（4番目）の要素の値を出力

```
In [6]:   1  import os
          2
          3  fnames = os.listdir('photo')
          4  print(fnames[3])

img2.jpg
```

　なお、os.listdir関数は原則、ファイル名はアルファベット順に取得され、戻り値であるリストにはその順番で格納されます。今回の体験では、その順番でリスト fnames から、個々のファイル名を取得・出力したことになります。

　また、リスト fnames の要素数は、丸ごと出力した結果からもわかるとおり4です。もし、インデックスに4以上の数値を指定すると、存在しない要素を取得しようとするのでエラーになります。

サンプル1にos.listdir関数とリストだけを使っても……

 ## 繰り返しとの組み合わせでリストが活きる

ここまでにos.listdir関数とリストのキホンを学んだのは、サンプル1で複数の画像について、容量が200KB以上ならリサイズ可能にするために、photoフォルダー内の画像のファイル名を取得して順に処理したいからでした。

さて、ここで、Chapter06-01で提示した"同じようなコード"を並べた方法を振り返ってほしいのですが、この方法に対して、リストを用いたらどうなるでしょうか？ たとえば右ページの図のように、os.listdir関数で得たファイル名のリストを変数fnamesに格納し、「'photo¥¥001.jpg'」の中の「001.jpg」のファイル名の部分なら、「fnames[0]」で置き換える方法が考えられます。

この方法も決して誤りではありませんが、相変わらず同じようなコードが並んだままです。もしファイルが増えたら、同じようなコードをさらに追加しなければないなど、問題は解決されていません。

そこで、繰り返しの登場です。Chapter06-02で挙げた1つ目の問題と解決のように、for文で繰り返し処理するのです。その際、リストとfor文を組み合わせると、大幅に処理が効率的になり、コードもシンプル化され、かつ、ファイルの増加への対応もラクになります。その具体的な方法は、for文のキホンとあわせて次章で解説します。

ファイル名を「fnames[0]」などに置き換えてもよいが…

```
fnames = os.listdir('photo')
```

画像ファイル名のリストを取得して、以下のように置き換える

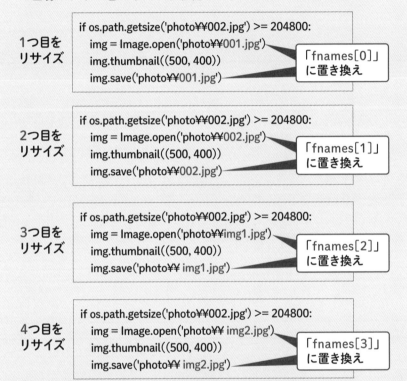

1つ目を
リサイズ

```
if os.path.getsize('photo¥¥002.jpg') >= 204800:
    img = Image.open('photo¥¥001.jpg')
    img.thumbnail((500, 400))
    img.save('photo¥¥001.jpg')
```
「fnames[0]」
に置き換え

2つ目を
リサイズ

```
if os.path.getsize('photo¥¥002.jpg') >= 204800:
    img = Image.open('photo¥¥002.jpg')
    img.thumbnail((500, 400))
    img.save('photo¥¥002.jpg')
```
「fnames[1]」
に置き換え

3つ目を
リサイズ

```
if os.path.getsize('photo¥¥002.jpg') >= 204800:
    img = Image.open('photo¥¥img1.jpg')
    img.thumbnail((500, 400))
    img.save('photo¥¥ img1.jpg')
```
「fnames[2]」
に置き換え

4つ目を
リサイズ

```
if os.path.getsize('photo¥¥002.jpg') >= 204800:
    img = Image.open('photo¥¥ img2.jpg')
    img.thumbnail((500, 400))
    img.save('photo¥¥ img2.jpg')
```
「fnames[3]」
に置き換え

この方法でも誤りではないが···記述などがタイヘン

for文で繰り返し処理

これなら記述も変更へ
の対応とかもラクに
できるよ♪

\Column/

リストのベンリな小ワザ　その1

　リストにはさまざまなベンリ機能が用意されています。たとえば、インデックスに-1を指定すると、最後の要素を取得できます。いちいち要素数を調べて指定しなくても、自動で取得できます。

インデックスに-1を指定した例

```
In [2]:   1  ary = ['アジ', 'サンマ', 'サバ', 'タイ', 'イワシ']
          2  print(ary[-1])

          イワシ
```

　「:」を使ってインデックスを指定すると、任意の範囲の要素のみを取り出せます。「スライス」と呼ばれる機能になります。たとえば「2:4」と指定すると、3〜4番目の要素を取り出せます。インデックスの番号で言うと2〜3の要素になります。「:」の後ろに指定したインデックスの1つ前の要素までが取り出される点に注意してください。

スライスで要素を部分的に取り出す例

```
In [8]:   1  ary = ['アジ', 'サンマ', 'サバ', 'タイ', 'イワシ']
          2  print(ary[2:4])

          ['サバ', 'タイ']
```

　インデックスを「2:」と指定すると、3番目以降すべての要素が取り出せます。「:2」と指定すると、3番目より前のすべての要素が取り出せます。

　また、実は文字列もリストとして扱えるので、このようなインデックスの使い方ができます。その一例が下記画面です。文字列titleから最後の要素、およびインデックスが2〜8の要素に該当する文字を取り出して出力しています。

文字列をインデックスで操作する例

```
In [15]:  1  title = 'Pythonのツボとコツ'
          2  print(title[-1])
          3  print(title[2:9])

          ツ
          thonのツボ
```

Chapter

07

繰り返しを活用して
サンプル1を
完成させよう

リストとfor文の組み合わせのキホン

 繰り返される回数はリストの要素数

　本章では前章から流れで、まずはリストとfor文の組み合わせのキホンを学びます。そして、それをサンプル1に適用することで、複数画像のリサイズを可能とするようコードを発展させます。

　さっそく、リストとfor文の組み合わせのキホンを解説します。for文は前述の通り、繰り返しの文でした。リストと組み合わせた場合の書式は右ページの図になります。「:」を書き忘れやすいので注意しましょう。

　押さえてほしいポイントが3つあるので、順に解説します。1つ目は、for文では、書式の「処理」のコードが繰り返し実行されることです。この「処理」は必ず一段インデントして記述するのであり、for以下のブロックに記述することになります。

　2つ目のポイントは、繰り返される回数は書式の「リスト」の部分に指定したリストの要素数であることです。たとえば要素数が4のリストを指定したら、4回繰り返されます。したがって、for以下のブロックの「処理」のコードが4回続けて実行されることになります。

　書式の「変数名」の部分は3つ目のポイントであり、ここも重要なのですが、次々節で解説します。

リストとfor文の組み合わせの書式

◉書式

forの後ろとinの
前後は半角スペース
だよ

リストの後ろの
「:」を忘れないでね

ポイント❷
リストの要素数だけ繰り返す

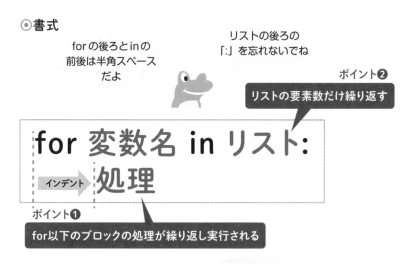

for 変数名 in リスト:
インデント 処理

ポイント❶
for以下のブロックの処理が繰り返し実行される

「処理」の部分は
必ず1段インデント
するよ

◉繰り返しのイメージとfor文の書式の対応

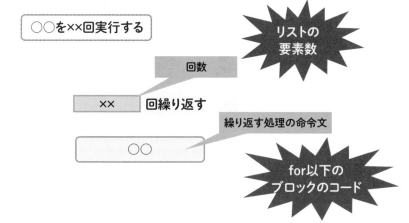

○○を××回実行する

リストの
要素数

回数

 回繰り返す

繰り返す処理の命令文

○○

for以下の
ブロックのコード

リストとfor文の組み合わせを体験しよう

 「こんにちは」を繰り返し出力する

　リストとfor文の組み合わせで、ひとまず前節で学んだ内容を体験してみましょう。Chapter06-10（P178）の体験で用いたリスト「ary」を流用して、for文と組み合わせてみましょう。

　リストaryのコードは以下でした。要素は文字列「アジ」、「サンマ」、「サバ」、「タイ」であり、要素数は4になります。

```
ary = ['アジ','サンマ','サバ','タイ']
```

　このリストaryをfor文の書式の「リスト」の部分に指定します。forの後ろの変数名は何でもよいのですが、今回は「elm」とします。以上を踏まえると、書式の「for ～」の部分のコードは以下とわかります。

```
for elm in ary:
```

　前節で学んだ書式の「変数」の部分に変数elm、「リスト」の部分にリストaryをそのまま当てはめただけです。

　繰り返す処理（書式の「処理」の部分）ですが、今回はとりあえず

文字列「こんにちは」をprint関数で出力する処理とします。コードは「print('こんにちは')」です。このコードをfor以下のブロック（書式の「処理」の部分）に記述します。つまり、「for elm in ary:」の次の行に、一段インデントしたうえで記述することになります。

　以上を踏まえると、目的にfor文を以下になります。

```
for elm in ary:
    print('こんにちは')
```

　リストaryは、Chapter06-10の体験で記述したものをそのまま使います。その体験で用いたJupyter Notebookのセルには現在、リストaryの3番目の要素を出力するコードが記述してあるかと思います（「print(ary[4])」など、インデックスが3以外の値になっていても構いません）。そのコードを以下のように追加変更してください。

追加・変更前
```
ary = ['アジ','サンマ','サバ','タイ']
print(ary[3])
```

追加・変更後
```
ary = ['アジ','サンマ','サバ','タイ']

for elm in ary:
    print('こんにちは')
```

　リストaryのコードはそのままに、以降のコードを先ほどのfor文に書き換えます。今回はリストaryを作成するコードとfor文との区切りをよりわかりやすくするため、for文の前に空の行を入れるとし

ます。

　追加・変更できたら実行してください。すると、次の画面のように、文字列「こんにちは」が4回出力されます。

実行すると、「こんにちは」が4回出力される

```
In [27]:  1  ary = ['アジ', 'サンマ', 'サバ', 'タイ']
          2
          3  for elm in ary:
          4      print('こんにちは')
こんにちは
こんにちは
こんにちは
こんにちは
```

　繰り返される回数は前節で学んだように、リストの要素数でした。今回用いたリストaryの要素数は4です。そのため、4回繰り返されることになります。

　for以下のブロックに記述したコードは「print('こんにちは')」です。この処理が4回繰り返し実行されます。その結果、文字列「こんにちは」が4回出力されたのです。

体験のコードの図解

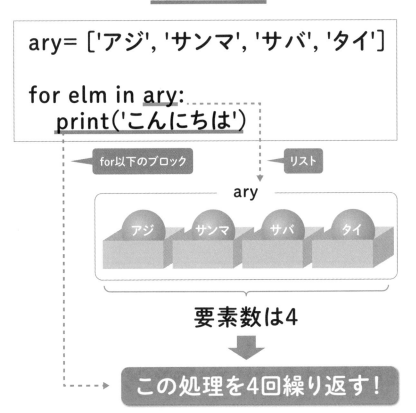

リストの要素数を変更して試す

　ここで、「for文で繰り返される回数はリストの要素数」というポイントの理解をより深めるため、リストaryの要素数を増減してから実行してみましょう。まずは要素数を4から5に増やします。値は何でもよいのですが、ここでは文字列「イワシ」とします。では、先ほどのコードにて以下のように、リストaryの末尾に文字列「イワシ」の要素を追加してください。

追加前

```
ary = ['アジ','サンマ','サバ','タイ']


for elm in ary:
    print('こんにちは')
```

追加後

```
ary = ['アジ','サンマ','サバ','タイ','イワシ']


for elm in ary:
    print('こんにちは')
```

　リストの「[]」の中で、末尾に「,」（カンマ）を追加し、さらに「'イワシ'」を追加することになります。実行すると次の画面のように、文字列「こんにちは」が5回出力されます。

リストaryの要素数を5に増やした実行結果

```
In [28]:  1  ary = ['アジ', 'サンマ', 'サバ', 'タイ', 'イワシ']
          2
          3  for elm in ary:
          4      print('こんにちは')

こんにちは
こんにちは
こんにちは
こんにちは
こんにちは
```

　今度はリストaryの要素数を3に減らしてみましょう。リストaryのコードを以下のように、要素数が3つになるよう変更してください。文字列「タイ」と「イワシ」の要素を削除します。2つの「,」も忘れずに削除してください。

```
ary = ['アジ','サンマ','サバ']

for elm in ary:
  print('こんにちは')
```

　要素数を3つに変更できたら実行してください。すると次の画面のように、文字列「こんにちは」が3回出力されます。

リストaryの要素数を3に減らした実行結果

```
In [29]:  1  ary = ['アジ', 'サンマ', 'サバ']
          2
          3  for elm in ary:
          4      print('こんにちは')
こんにちは
こんにちは
こんにちは
```

　このようにfor文とリストの組み合わせでは、書式「for 変数 in リスト:」の「リスト」の部分に指定したリストの要素数だけ繰り返されます。繰り返される処理は、for以下のブロックに記述したコードになります。

for文もインデントのあり/なしに注意!

　再度強調しますが、for文では、for以下のブロックの処理が繰り返し実行されます。言い換えると、「for 変数 in リスト:」の次の行にて、一段インデントして記述したコードが繰り返し実行されます。
　このインデントのあり/なしは非常に重要です。インデントしないで記述したコードは、for以下のブロックの処理とは見なされないので、繰り返し実行されません。このブロックの役割はChapter05-07などで学んだif文と全く同じです。

ここで、for文のインデントのあり/なしを体験しましょう。次のように、現在のコードのfor以下のブロックに「print('さようなら')」を追加してください。リストaryの要素数は3のままにしておいてください。

追加前

```
ary = ['アジ','サンマ','サバ']

for elm in ary:
    print('こんにちは')
```

追加後

```
ary = ['アジ','サンマ','サバ']

for elm in ary:
    print('こんにちは')
    print('さようなら')
```

　実行すると、次の画面のような結果になります。

for以下のブロックに「print('さようなら')」を追加

```
In [30]:  1  ary = ['アジ', 'サンマ', 'サバ']
          2
          3  for elm in ary:
          4      print('こんにちは')
          5      print('さようなら')

こんにちは
さようなら
こんにちは
さようなら
こんにちは
さようなら
```

　「こんにちは」と出力され、続けて「さようなら」と出力され、それが3回繰り返されます。計6つの文字列が出力される結果となります。

　for以下のブロックには、2つのコード「print('こんにちは')」と「print('さようなら')」が記述されている状態です。そのため、この2つのコードが3回繰り返し実行されます。

　次に以下のように、コード「print('さようなら')」だけ、インデントを削除してください。コードの書き始めの位置を「for ～」と揃えることになります。

変更前

```
ary = ['アジ','サンマ','サバ']

for elm in ary:
    print('こんにちは')
    print('さようなら')
```

追加・変更後

```
ary = ['アジ','サンマ','サバ']

for elm in ary:
    print('こんにちは')
print('さようなら')
```

　実行すると、文字列「こんにちは」が3回続けて出力されたあと、文字列「さようなら」が1回だけ出力されます。

「print('さようなら')」のインデントを削除

```
In [31]:  1  ary = ['アジ', 'サンマ', 'サバ']
          2
          3  for elm in ary:
          4      print('こんにちは')
          5  print('さようなら')
```

```
こんにちは
こんにちは
こんにちは
さようなら
```

インデントしているのはコード「print('こんにちは')」だけです。そのため、for以下のブロックにあるのはこのコードだけになります。したがって、このfor文で3回繰り返し実行されるのはこのコードだけです。その結果、文字列「こんにちは」が3回続けて出力されます。

一方、コード「print('さようなら')」はインデントを削除したため、インデントの位置は「for 変数 in リスト:」と同じになっています。したがって、for以下のブロックではなくなり、繰り返し実行される処理ではなくなってしまいました。そうなると、for文とは関係ないまったく別の処理と見なされます。

そのため、for文の処理が終わったあと、順次の流れにのっとり、コード「print('さようなら')」が実行されます。その結果、文字列「こんにちは」が3回続けて出力されたあと、文字列「さようなら」が1回だけ出力されたのです。

このようにfor文はインデントを正しく入れなければ、繰り返し実行したい処理を正しく指定できず、意図した実行結果は得られなくなってしまうので注意しましょう。Pythonではfor文もif文と同じく、インデントが重要なのです。

for以下のブロックのインデントあり／なしの違い

◉「print('さようなら')」のインデントあり

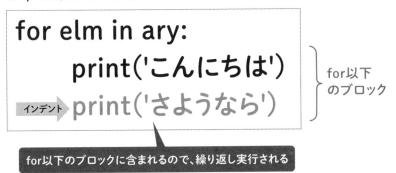

◉「print('さようなら')」のインデントなし

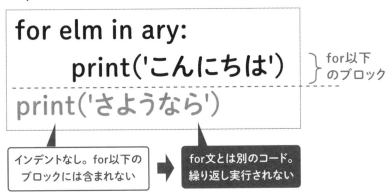

　なお、「print('さようなら')」のインデントを削除したコードでは、for文と「print('さようなら')」の間に空の行を入れると、両者が別の命令文とよりわかるようになるのでオススメです。

for文の変数の動作を知ろう

 リストの要素が先頭から順に格納される

　本節では、リストとfor文の組み合わせの3つ目のポイントとして、変数の動作を学びます。リストとの組み合わせの真骨頂と言うべき重要なポイントです。この内容は文字の解説を読むだけでは、少々わかりづらいので、右ページの図もあわせて見ながらお読みください。

　for文では繰り返しの度に、書式「for 変数 in リスト :」にて指定した変数に、リストの要素が先頭から順に自動で格納されていきます（厳密には、要素の値が格納されます）。繰り返しの1回目では変数に、リストの先頭の要素が格納されます。繰り返しの2回目では、2番目の要素が格納されます。繰り返しの3回目では、3番目の要素が格納されます。

　以下同様に格納されていき、繰り返しの最後の回に、リストの最後の要素が格納されます。前節までで学んだように、繰り返しの回数はリストの要素数でした。繰り返しの最後の回には、ちょうどリストの最後の要素が格納されることになります。

　以上がリストとの組み合わせにおけるfor文の変数の動作です。リストの要素を先頭から1つずつ順に処理したい場合、いちいちインデックスを使わずに済み、なおかつ、要素数を超えないよう意識する必要もないなど、非常に便利な仕組みです。

繰り返しの度にリストの要素が変数に順に格納

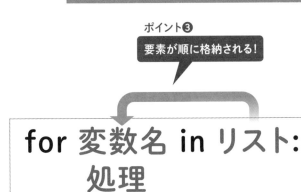

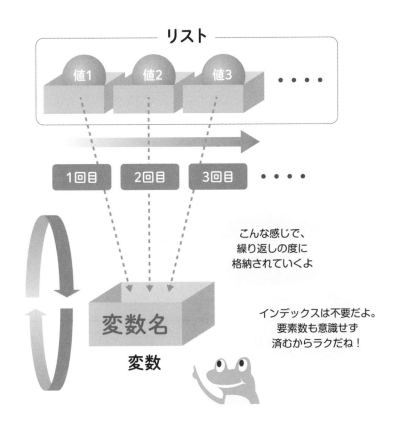

for文の変数を体験しよう

 リストaryの要素を順に出力する

前節にて、リストとfor文の組み合わせにおける変数の動作の キホンを学んだところで、さっそく体験してみましょう。前々節 （Chapter07-02）の体験で記述・実行したコードを流用し、それ変更 を加えていくことで、変数の動作を体験するとします。

まずは準備として、前々節の体験のコードを以下の状態にしてく ださい。

```
ary = ['アジ', 'サンマ', 'サバ']

for elm in ary:
    print('こんにちは')
```

「print('さようなら')」を削除

インデントのあり／なしの体験で追加したコード「print('さような ら')」を削除することになります。リストaryは現状のまま、要素数 は3、各要素の内容も文字列「アジ」、「サンマ」、「サバ」のままで変 更しないでください。for文の変数もelmのままにしてください。

　この状態のコードを出発点に、for文の変数を体験するコードにしていきます。今回の体験では、for文の変数の値を繰り返しの度にprint関数で出力するとします。

　for文の変数は前節で学んだとおり、繰り返しの度に、リストの要素が先頭から順に格納されていくのでした。その変数の値を繰り返しの度に出力するには、for以下のブロックに変数を出力すればOKです。変数はelmなので、これをprint関数で出力するようコードを変更します。では、以下のように変更してください。

変更前

```
ary = ['アジ','サンマ','サバ']

for elm in ary:
    print('こんにちは')
```

変更後

```
ary = ['アジ','サンマ','サバ']

for elm in ary:
    print(elm)
```

　print関数の引数を文字列「こんにちは」から、変数elmに変更しただけです。両側のシングルコーテーションも含めた「'こんにちは'」を丸ごと「elm」に置き換えることになります。

　変更できたら、さっそく実行しましょう。すると、以下のような結果が得られます。

リストaryの３つの要素が順に出力された

```
In [32]:   1  ary = ['アジ', 'サンマ', 'サバ']
           2
           3  for elm in ary:
           4      print(elm)
```
アジ
サンマ
サバ

　文字列「アジ」と「サンマ」と「サバ」が順に出力されました。これらはリストaryの要素である各文字列が先頭から順に出力された結果になります。

　繰り返しの１回目では、先頭の要素の値である文字列「アジ」が変数elmに格納され、print関数で出力されます。そして、print関数で出力されます。繰り返しの２回目では、２番目の要素の文字列「サンマ」、３回目では３番目の要素の文字列「サバ」が格納され、繰り返しの度に出力されます。リストaryの要素数は３なので、３回繰り返して終了します。

　上記の体験のコードにて、リストaryにどのような要素がどのような順で並んでおり、for文では各要素が変数elmにどのような順で格納されたのか、どのような実行結果が得られたのか、図をジックリと見て、for文の変数の動作を把握しましょう。

リストaryの要素が変数elmに順に格納される

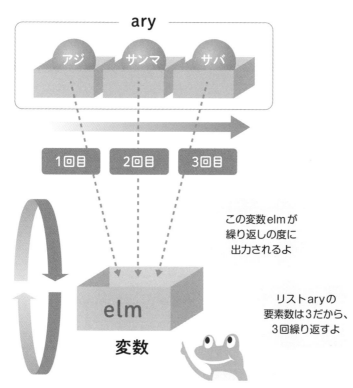

この変数elmが
繰り返しの度に
出力されるよ

リストaryの
要素数は3だから、
3回繰り返すよ

リストの要素数を変更して試そう

　for文の変数の動作の理解をさらに深めるため、リストaryの要素数を変えてみましょう。まずは文字列「タイ」をリストの末尾に追加し、要素数を4に変更してください。

```
ary = ['アジ','サンマ','サバ','タイ']

for elm in ary:
  print(elm)
```

　追加の際、「,」を書き忘れないよう注意してください。追加できたら実行すると、次の画面のように4つの要素が先頭から順に出力されます。

リストaryの要素を4つに増やした実行結果

```
In [34]:   1  ary = ['アジ', 'サンマ', 'サバ', 'タイ']
           2
           3  for elm in ary:
           4      print(elm)
```
```
アジ
サンマ
サバ
タイ
```

　続けて、要素数を5つに増やしてみましょう。リストの末尾に文字列「イワシ」を追加してください。

```
ary = ['アジ','サンマ','サバ','タイ','イワシ']

for elm in ary:
```

```
    print(elm)
```

実行すると、5つの要素が先頭から順に出力されます。

リストaryの要素を5つに増やした実行結果

```
In [35]:   1  ary = ['アジ', 'サンマ', 'サバ', 'タイ', 'イワシ']
           2
           3  for elm in ary:
           4      print(elm)

アジ
サンマ
サバ
タイ
イワシ
```

　このようにfor文とリストの組み合わせでは、リストの要素数のぶんだけ繰り返しつつ、変数には繰り返しの度に、リストの先頭の要素から順に格納されていきます。繰り返しの回数はリストの要素数を変更したら、その数に応じて自動で変更されます。

　なお、for文のinの後ろにはリストだけでなく、他にもいろいろなものが指定できます。たとえば、リストを使わず、単に「5回繰り返す」などと回数を指定して繰り返したい場合には、そのための関数をinの後ろに指定します。その解説と簡単な例の紹介をChapter08-16で行います。

photoフォルダー内のファイル名を順に出力してみよう

 os.listdir関数のおさらい

　前節までに学んだリストとfor文の組み合わせの体験として、本節では、サンプル1のphotoフォルダー内の画像のファイル名を1つずつ出力してみましょう。サンプル1の作成途中のコードを用いるのではなく、Chapter06-11（P182）で体験したphotoフォルダー内のファイル名を取得・出力するコードを本節の体験に流用するとします。

　Chapter06-11の体験で用いたJupyter Notebookのセルを見ると、コードは以下の状態になっているかと思います（リストfnamesのインデックスは別の値でも構いません）。

```
import os

fnames = os.listdir('photo')
print(fnames[3])
```

　上記コードを簡単におさらいすると、まずはos.listdir関数の引数に、目的のフォルダー名として文字列「photo」を指定しています。これで、photoフォルダー内のファイル名（形式は文字列）の一覧がリストとして得られるのでした。そのリストを変数fnamesに代入す

ることで、fnamesというリスト名で以降の処理に使えるようになります。

　そして、リストfnamesにインデックスを付けることで、指定した要素を取得し、print関数で出力しています。上記コードでは、インデックスに3を指定しています。リストは0から始まるのでした。インデックスは先頭の要素なら0、2番目の要素なら1…と指定するのでした。上記コードの場合、3を指定しているので、4番目の要素になります。

　おさらいは以上です。もしお手元のコードが上記と異なっていたら、揃えておいてください。

for文を使ってファイル名を順に出力

　それでは、photoフォルダー内のファイル名を順に出力するよう、コードを追加・変更していきましょう。現時点のコードでは、photoフォルダー内のファイル名は、すでにリストfnamesに格納されます。あとはこのリストfnamesの要素を順に出力すれば、photoフォルダー内のファイル名を順に出力できるでしょう。

　そのためには前節と同じく、for文を使います。inの後ろにリストfnamesを指定すれば、要素が先頭から順に変数に格納されます。

　変数名は何でもよく、前節と同じelmでももちろん構いませんが、ここでは練習を兼ねて、別の変数名にしてみましょう。本節の体験での変数名は「fname」とします。一見、リスト名の「fnames」と同じに見えますが、最後の「s」がない変数名になります。

　以上を踏まえると、for文の書式の「for 変数 in リスト:」は、以下のように記述すればよいとわかります。

```
for fname in fnames:
```

これで、繰り返しの度に、リスト fnames の要素が先頭から順に変数 fname に格納されます。繰り返しの回数はリスト fnames の要素数になります。

そして、for 以下のブロックには、この変数 fname を出力するよう、print 関数の引数に変数 fname を指定したコード「print(fname)」を記述します。これで、繰り返しの度に、for 以下のブロックに記述した print 関数が実行され、変数 fname を出力されます。

目的のコードは以上です。では、現在のコードを以下のように追加・変更してください。

追加・変更前

```
import os

fnames = os.listdir('photo')
print(fnames[3])
```

追加・変更後

```
import os

fnames = os.listdir('photo')

for fname in fnames:
    print(fname)
```

「print(fnames[3])」の部分が丸ごと for 文に置き換えることになります。for 文の前には空の行を入れるとします。

追加・変更できたら実行してください。すると、次の画面のように、photo フォルダー内のファイル名が順に出力されます。

photoフォルダー内のファイル名が順に出力された

```
In [33]:  1  import os
          2
          3  fnames = os.listdir('photo')
          4
          5  for fname in fnames:
          6      print(fname)
```

```
001.jpg
002.jpg
img1.jpg
img2.jpg
```

　上記コードの処理内容を改めて整理すると、まずはコード「fnames = os.listdir('photo')」にて、os.listdir関数によってphotoフォルダー内のファイル名のリストを取得し、リストfnamesに格納します。そして、for文による繰り返しの度に、このリストfnamesの要素が1つずつ順に変数fnameに格納されます。for以下のブロックでは、その変数fnameをprint関数で出力しています。その結果photoフォルダー内のファイル名が順に出力されたのです。

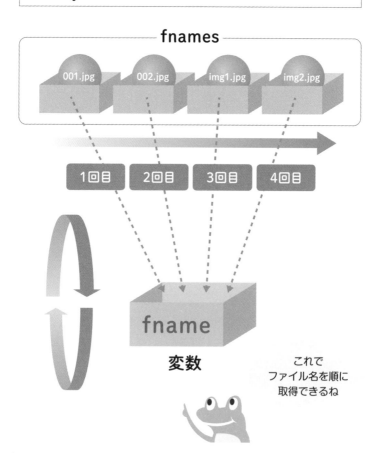

要素が順に格納される!

```
for fname in fnames:
    print(fname)
```

fnames

001.jpg 002.jpg img1.jpg img2.jpg

1回目 2回目 3回目 4回目

fname

変数

これで
ファイル名を順に
取得できるね

　なお、変数名を「fname」に命名した理由ですが、リストfnames
がファイル名（「f」は「file」の略）の一覧であり、その要素である個々
のファイル名を格納する変数なので、複数形の「s」を取り除いた単
数形の「fname」としました。これは筆者が決めた命名基準であり、
Pythonの文法・ルールとは無関係です。

　変数名からその変数の役割、および他のリストなどとの関係が推
察しやすくすると、コードがより読みやすく理解しやすくなるので、
そのような命名をオススメします。もちろん、リスト名や変数名は
今回の名前でなくても、役割や他との関係などがわかりやすければ、
何でも構いません。

インデックス不要でリストの要素を扱える！

　ここで改めて、体験のコードを眺めてほしいのですが、リストの
インデックスは一切登場していません。Chapter06-09では、リスト
の個々の要素に対して、格納されている値を取得したり、別の値を
代入したりするなど操作するには、書式「リスト名［インデックス］」
に従い、対象とする要素をインデックスによって指定する方法を学
びました。

　リストの要素を操作するには、基本的にはインデックスを使うの
ですが、本節の体験のコードでは、インデックスを使うことなく、
要素を操作できました。Chapter07-03でも学んだように、for文を
組み合わせると、リストの要素はインデックスなしでも操作可能と
なるのです。

　いちいちインデックスを記述する手間がなくなるメリットはもち
ろん、インデックスは0から始まるため間違えやすかったり、要素数
を超えたインデックスを指定したりしがちなのですが、そのような
ミスの恐れもなくなるメリットも得られます。

すべての画像をリサイズするには、フォルダー名の処理もカギ

 ファイル名の前にフォルダー名を連結する必要あり

　前節までに、リストとfor文の組み合わせによって、photoフォルダー内のすべての画像のファイル名を順に出力する方法を学びました。これをサンプル1に活かして、photoフォルダー内のすべての画像をリサイズできるようにしていきます。

　サンプル1の現時点のコードは右ページの図の上でした。ここで、ファイル名を指定している箇所に着目してください。if文の条件式内のos.path.getsize関数の引数をはじめ、計3箇所に文字列「photo¥¥002.jpg」が記述されています。「photoフォルダー内の002.jpg」を意味するのでした。

　前節のfor文の体験のコードをサンプル1に活かすには、どうすればよいでしょうか？　例えば文字列「photo¥¥002.jpg」のファイル名の部分の「002.jpg」をそのままfor文の変数fnameに置き換え、「'photo¥¥fname'」と記述すると、「photo¥¥fname」という文字列になってしまい、うまく動きません。「'photo¥¥002.jpg'」を丸ごと変数fnameに置き換えると、ファイル名のみとなり、フォルダー名の「photo」がなくなってしまいます。

　すべての画像をリサイズするには、ファイル名である変数fnameの前に、フォルダー名の「photo」を連結する必要があります。その具体的なコードを次節から解説します。

ファイル名の変数とフォルダー名を連結する必要あり

サンプル1の現時点のコード

1つの画像について、ファイルの容量が200KB以上ならリサイズ

```
import os
from PIL import Image

if os.path.getsize('photo¥¥002.jpg') >= 204800:
    img = Image.open('photo¥¥002.jpg')
    img.thumbnail((500, 400))
    img.save('photo¥¥002.jpg')
```

もしかしたら、お手元のコードはファイル名が異なっているかも

前節の体験の現時点のコード

```
fnames = os.listdir('photo')

for fname in fnames:
    print(fname)
```

この3箇所のファイル名（002.jpg）の部分に、for文の変数fnameを使いたい！

'photo¥¥002.jpg'

変更

'photo¥¥fname' ✕

fname ✕

どうしたらいいんだろ？ コレじゃダメだし・・・

フォルダー名とファイル名の変数を連結！

フォルダー名を連結してファイル名を順に出力しよう

 体験のコードとパス区切り文字のおさらい

　本節では、photoフォルダー内のすべての画像のファイル名を順に、フォルダー名「photo」を連結する方法を学びます。その際、同時に体験もしますが、サンプル1のコードを使うのではなく、前々節（Chapter07-05）の体験のコードを引き続き使うとします。Jupyter Notebookの該当セルで、引き続き学習を進めてください。

　前々節の体験のコードを改めて提示します。

```
import os

fnames = os.listdir('photo')

for fname in fnames:
  print(fname)
```

　これからこのコードを、フォルダー名を連結してファイル名を順に出力できるよう発展させていきます。

　前々節で体験したとおり、photoフォルダー内のファイル名（文字列）の一覧が変数fnamesにリスト形式で格納されるのでした。そし

て、for文による繰り返しの度に、個々のファイル名は先頭から順に変数fnameに格納されるのでした。

　前節で学んだとおり、この変数fnameの前に、フォルダー名「photo」を連結する必要があります。そのためにはフォルダー名の文字列「photo」の後ろに、パス区切り文字「¥¥」を挟み、さらにその後ろに変数fnameを連結することになります。

　Chapter04-03（P86）で学んだとおり、Windowsのパス区切り文字は「¥」であり、Pythonでは「¥」は特殊な文字なので、「¥」を重ねて（エスケープ処理）、「¥¥」と記述するのでした。

　今回は連結した文字列をprint関数で出力するとします。現時点ではfor以下のブロックに、ファイル名を出力するコード「print(fname)」があります。print関数の引数には現在、変数fnameのみを指定し、ファイル名のみを出力するようになっています。この引数の部分のコードを変更し、フォルダー名「photo」を連結してファイル名を出力できるようにしていきます。

os.path.join 関数のおさらい

　それでは、具体的にどのようにコードを変更すればよいか考えていきましょう。

　ファイル名にフォルダー名を連結する処理には、文字列を連結する＋演算子を使って、「'photo¥¥' + fname」と記述も決して誤りではないのですが、os.path.join関数を利用するのが得策です。前作P268にも登場した関数ですが、フォルダー名やファイル名といったパスの文字列の連結に大変便利です。書式は以下です。

書式

```
os.path.join(パス1, パス2・・・)
```

連結したいパスの文字列を引数に指定すると、各文字列をパス区切り文字で順に連結した文字列が返されます。たとえば、文字列「boo」と「foo.txt」を引数に指定したとします。

```
os.path.join('boo', 'foo.txt')
```

実行すると、文字列「boo¥¥foo.txt」が返されます。このようにOSに応じたパス区切り文字を付け、さらにエスケープ処理まで自動で行ってくれるのがos.path.join関数の便利なところです。

フォルダー名とファイル名を連結して順に出力

このpath.join関数を使い、フォルダー名「photo」とファイル名（変数fnameに格納）を連結します。フォルダー名が先になるので、文字列「photo」と第1引数に指定し、第2引数に変数fnameを指定すれば、意図通りにフォルダー名とファイル名を連結できるでしょう。そのコードは以下になります。

```
os.path.join('photo', fname)
```

前々節の体験のコードにて、フォルダー名とファイル名を連結して出力するには、上記コードをprint関数で出力すればよいことになります。

では、お手元のコード（前々節の体験のコード）を以下のように変更してください。print関数の引数を「fname」だけから、丸ごと上記コードに置き換えることになります。

変更前

```
import os

fnames = os.listdir('photo')

for fname in fnames:
  print(fname)
```

⬇

変更後

```
import os

fnames = os.listdir('photo')

for fname in fnames:
  print(os.path.join('photo', fname))
```

実行すると、以下のように出力されます。

4つのファイル名がフォルダー名付きで出力される

```
In [1]:  1  import os
         2
         3  fnames = os.listdir('photo')
         4
         5  for fname in fnames:
         6      print(os.path.join('photo', fname))
```

```
photo¥001.jpg
photo¥002.jpg
photo¥img1.jpg
photo¥img2.jpg
```

　photoフォルダー内の4つのファイル名の前に、フォルダー名
「photo」およびパス区切り文字が連結されて、順に出力されます。

for文の繰り返しの回数ごとの変数fnameと連結結果

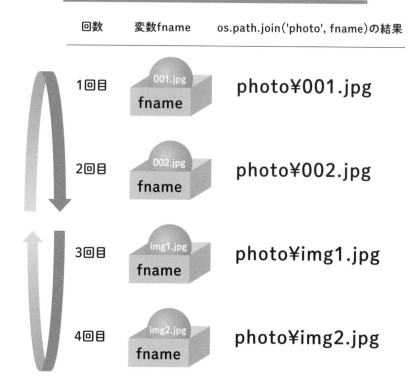

回数	変数fname	os.path.join('photo', fname)の結果
1回目	001.jpg	photo¥001.jpg
2回目	002.jpg	photo¥002.jpg
3回目	img1.jpg	photo¥img1.jpg
4回目	img2.jpg	photo¥img2.jpg

　なお、出力された結果をよく見ると、パス区切り文字は「¥」となっています。コードには「¥¥」と記述しましたが、print関数で出力すると、エスケープ処理である前半の「¥」は出力内容に含まれないので、後半の「¥」のみが出力されます。

　たとえば、次のコードのように文字列「photo¥¥002.jpg」をprint関数で出力するとします。

```
print('photo¥¥002.jpg')
```

　上記コードを実行すると、「photo¥002.jpg」と出力されます（も

し、お手元で試すなら、別のセルをお使いください）。

エスケープ処理の「¥」は出力内容に含まれない

```
In [2]:    1  print('photo¥¥002.jpg')
photo¥002.jpg
```

　このようにWindowsのパス区切り文字はあくまでも「¥」です。
Pythonでエスケープ処理に使う記号も、たまたま同じ「¥」であるの
で、結果的に「¥」を2つ重ねて「¥¥」と記述しただけです。

サンプル1ですべての画像をリサイズ可能にしよう

 サンプル1とここまで学んだ内容をおさらい

　本節ではいよいよ、サンプル1ですべての画像をリサイズできるようコードを発展させます。少々長い作業になりますが、ジックリと解説していきますので、途中で休憩を挟みつつ、ご自分のペースで進めてください。

　前章（Chapter06）から本章（Chapter07）の前節にかけて、for文による繰り返しやリストを中心に学んだのはそもそも、本書サンプル「サンプル1」でphotoフォルダー内のすべての画像について、容量が200KB以上なら、リサイズできるようにしたいからでした。

　ここで、現時点でのサンプル1のコードを再度提示します。

```python
import os
from PIL import Image

if os.path.getsize('photo¥¥002.jpg') >= 204800:
    img = Image.open('photo¥¥002.jpg')
    img.thumbnail((500, 400))
    img.save('photo¥¥002.jpg')
```

　処理対象の画像ファイルは002.jpgのみです。以降の解説のために、もし、お手元のコードで別のファイル名に変更していたら、すべて002.jpgに戻しておいてください。ファイル名の記述は計3箇所あります。

　さて、現時点でのサンプル1のコードでは、1つの画像（002.jpg）だけしかリサイズできません。このコードを、photoフォルダー内のすべての画像をリサイズ可能にするために、for文やリスト、os.listdir関数を学んだのでした。おさらいとして、ここまでをザッと振り返ります。

　Chapter06ではまず、photoフォルダー内のすべての画像のファイル名の一覧をos.listdir関数で取得する方法を学びました。同関数はファイル名の一覧がリストの形式で得られるので、リストのキホンも学びました。

　本章では、for文による繰り返しのキホンを学びました。for文はリストと組み合わせると、繰り返しの回数はリストの要素数になるのでした。なおかつ、for文の変数には、繰り返しの度にリストの要素が先頭から順に格納されるのでした。

　そして、前々節と前節にて、photoフォルダー内のすべての画像ファイルについて、前にフォルダー名のパスを連結したかたちで、ファイル名を順に出力する方法も学びました。この方法を学んだのは前々節で解説したように、現在のサンプル1のコードにて、処理対象の画像のファイル名（フォルダー名のパスも含む）を文字列「photo¥¥002.jpg」として指定している箇所を、1つのファイル名だけでなく、photoフォルダー内のすべてのファイル名を指定できるようにしたいからでした。

まずはファイル名の一覧を取得する処理を追加

それでは以上を踏まえ、すべての画像をリサイズできるよう、サンプル1のコードを追加・変更していきましょう。

最初に、photoフォルダー内のすべての画像のファイル名の一覧を取得する処理を追加しましょう。ファイル名の一覧は先述のとおり、os.listdir関数を使えばリストとして取得できるのでした。そのコードはChapter06-11（P182）で以下でした。

```
fnames = os.listdir('photo')
```

os.listdir関数の引数に、目的のフォルダー名「photo」を文字列として指定すればよいのでした。格納先のリスト名（変数名）はサンプル1でも「fnames」とします。もちろん他の名前でも構いませんが、今回は「fnames」とします。

それでは、上記コードをサンプル1に追加しましょう。追加する場所は、リサイズ処理を実際に行うif文の前になります。

追加前

```
import os
from PIL import Image

if os.path.getsize('photo¥¥002.jpg') >= 204800:
    img = Image.open('photo¥¥002.jpg')
    img.thumbnail((500, 400))
    img.save('photo¥¥002.jpg')
```

追加後

```
import os
from PIL import Image


fnames = os.listdir('photo')


if os.path.getsize('photo¥¥002.jpg') >= 204800:
    img = Image.open('photo¥¥002.jpg')
    img.thumbnail((500, 400))
    img.save('photo¥¥002.jpg')
```

　if文との間には、コードの見やすさをアップするため、空の行を入れるとします。なしでもコードは正しく動きます。

　これで、リストfnamesに、photoフォルダー内のファイル名の一覧がリストとして格納されます。photoフォルダーには現在、4つの画像ファイル「001.jpg」、「002.jpg」、「img1.jpg」、「img2.jpg」があるのでした。したがってリストfnamesは、それぞれのファイル名の文字列を要素とするリストとなり、要素数は4です。

　また、os.listdir関数はosモジュールの関数ですが、すでにos.path.getsize関数を使う際に、osモジュールをインポートするコード「import os」を記述済みなので、ここでは追加不要です。

とりあえずfor文で画像の数だけ繰り返すようにしよう

　これで、リストfnames（変数fnames）に、photoフォルダー内のファイル名の一覧が格納できました。次は、for文を使い、複数の画像をリサイズ可能にしていきます。そのためのコードの追加・変更は何カ所かあるので、段階的に進めていきます。

まずはfor文の「for 変数名 in リスト:」を追加します。リストには先ほどのfnamesを指定します。変数名は何でもよいのですが、今回は前節の体験と同じく「fname」とします。以上を踏まえると以下になります。前節と全く同じコードです。

```
for fname in fnames:
```

　上記コードを追加する場所ですが、実際にリサイズを行っているのはif文であり、if文の処理を繰り返したいのでした。そのためには、if文全体をfor以下のブロックに含むよう追加する必要があります。では、ひとまず以下のように、if文のすぐ上に「for fname in fnames:」を追加してください。

追加前

```
import os
from PIL import Image

fnames = os.listdir('photo')

if os.path.getsize('photo¥¥002.jpg') >= 204800:
    img = Image.open('photo¥¥002.jpg')
    img.thumbnail((500, 400))
    img.save('photo¥¥002.jpg')
```

追加後

```
import os
from PIL import Image

fnames = os.listdir('photo')
```

```
for fname in fnames:
if os.path.getsize('photo¥¥002.jpg') >= 204800:
   img = Image.open('photo¥¥002.jpg')
   img.thumbnail((500, 400))
   img.save('photo¥¥002.jpg')
```

　これで、「for fname in fnames:」を追加できました。ただ、現在のコードでは、for文とif文のインデントが同じになっています。for文では、繰り返したい処理は一段インデントし、for以下のブロックに入れるのでした。しかし、現在のコードでは、if文のインデントはfor文と同じであり、for以下のブロックにないので、繰り返されません。

　そこで、for文で繰り返すよう、if文全体を一段インデントして、for以下のブロックに入れるよう変更します。

変更前

```
import os
from PIL import Image

fnames = os.listdir('photo')

for fname in fnames:
if os.path.getsize('photo¥¥002.jpg') >= 204800:
   img = Image.open('photo¥¥002.jpg')
   img.thumbnail((500, 400))
   img.save('photo¥¥002.jpg')
```

```
import os
from PIL import Image

fnames = os.listdir('photo')

for fname in fnames:
  if os.path.getsize('photo\\002.jpg') >= 204800:
    img = Image.open('photo\\002.jpg')
    img.thumbnail((500, 400))
    img.save('photo\\002.jpg')
```

> if文をインデントするだけ

　if文全体を一段インデントする際、コードを1行ずつインデントし
てもよいのですが、Chapter05-08で紹介したように、if文全体をド
ラッグして選択した状態で、Tab キーを1回押す方法を使った方が
効率的に作業できます。

if文全体を選択し、Tab キーを1回押す

```
In [1]:   1  import os
          2  from PIL import Image
          3
          4  fnames = os.listdir('photo')
          5
          6  for fname in fnames:
          7  if os.path.getsize(os.path.join('photo', fname)) >= 204800:
          8      img = Image.open(os.path.join('photo', fname))
          9      img.thumbnail((500, 400))
         10      img.save(os.path.join('photo', fname))
```

if文全体が一段インデントされた

```
In [1]:   1  import os
          2  from PIL import Image
          3
          4  fnames = os.listdir('photo')
          5
          6  for fname in fnames:
          7      if os.path.getsize(os.path.join('photo', fname)) >= 204800:
          8          img = Image.open(os.path.join('photo', fname))
          9          img.thumbnail((500, 400))
         10          img.save(os.path.join('photo', fname))
```

各画像を順に処理できるよう変更して完成！

　これで、if文全体がfor以下のブロックに入り、for文によって繰り返されるようになりました。繰り返される回数はリストfnamesの要素数になります。photoフォルダー内には画像ファイルが4つあるので、要素数は4となり、4回繰り返されることになります。

　しかし、これで完成ではありません。前節で解説したように、if文のコードを見ると、条件式に用いているos.path.getsize関数の引数をはじめ、「'photo¥¥002.jpg'」という記述が3箇所にあります。整理のため、該当箇所を改めて提示します。

・1箇所目　os.path.getsize関数の引数
・2箇所目　Image.open関数の引数
・3箇所目　saveメソッドの引数

3箇所目ある「'photo¥¥002.jpg'」

```
In [24]:    1  import os
            2  from PIL import Image
            3
            4  fnames = os.listdir('photo')
            5
            6  for fname in fnames:
            7      if os.path.getsize('photo¥¥002.jpg') >= 200 * 1024:
            8          img = Image.open('photo¥¥002.jpg')
            9          img.thumbnail((500, 400))
           10          img.save('photo¥¥002.jpg')
```

　この記述は文字列「photo¥¥002.jpg」であり、「photoフォルダー内の002.jpg」を意味するのでした。つまり、002.jpgのみをリサイズするコードになっています。

　このままでは、いくらif文全体を繰り返すようになっても、処理対象のファイル名が002.jpgで固定されているので、繰り返しの度にリサイズされるのは002.jpgだけです。

　そこで、ファイル名を002.jpgで固定ではなく、photoフォルダー内のファイル名を順に指定できるよう、さらにコードを変更する必要があります。

　photoフォルダー内のファイル名は、ここまでに記述したfor文によって、繰り返しの度に変数fnameに格納されるようになっているのでした。この変数fnameをファイル名に指定できるようにコードを変更していきます。

　文字列「photo¥¥002.jpg」のうち、ファイル名の部分は「002.jpg」です。この部分を変数fnameに格納されたファイル名に置き換えます。そのための方法は前節で学びました。os.path.join関数によって、フォルダー名の文字列「photo」とファイル名の変数fnameを連結すればよいのでした。そのコードは以下でした。パス区切り文字は自動で付けられるのでした。

```
os.path.join('photo', fname)
```

　それでは、「'photo¥¥002.jpg'」の部分を3箇所すべて上記コード
に置き換えてください。その際、冒頭と末尾の「'」も必ず含めて、丸
ごと置き換えるよう変更してください。

変更前

```
import os
from PIL import Image

fnames = os.listdir('photo')

for fname in fnames:
    if os.path.getsize('photo¥¥002.jpg') >= 204800:
        img = Image.open('photo¥¥002.jpg')
        img.thumbnail((500, 400))
        img.save('photo¥¥002.jpg')
```

変更後

```
import os
from PIL import Image

fnames = os.listdir('photo')

for fname in fnames:
    if os.path.getsize(os.path.join('photo', fname) ) >= 204800:
        img = Image.open(os.path.join('photo', fname) )
        img.thumbnail((500, 400))
        img.save(os.path.join('photo', fname) )
```

意図通りリサイズできるかシッカリ動作確認

　コードの追加・変更は以上です。これでサンプル1は、photoフォルダー内のすべての画像について、容量が200KB以上ならリサイズ可能になりました。

　さっそく動作確認してみましょう。その前にphotoフォルダー内の4つの画像ファイルについて、大きさ（幅×高さ　ピクセル単位）と容量（KB単位）を改めて確認しておきましょう。photoフォルダーを開き、以下画面のように、画像にマウスポインターを重ねてポップアップを表示するなどして、大きさと容量（ポップアップ上では「サイズ」と表記されます）を確認してください。

photoフォルダー内の各画像の大きさと容量を再確認

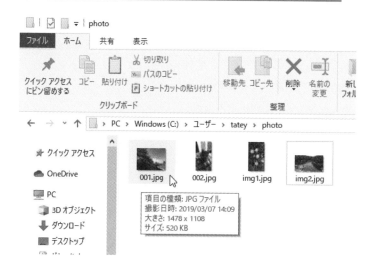

　すると、以下表のとおりと確認できます。もし、Chapter05までに動作確認によって、各画像の大きさや容量が上記と異なっていたら、Chapter04-05にてバックアップしておいたファイルに置き換えて、以下の表の状態にしておいてください。

4つの画像の大きさと容量

ファイル名	大きさ (幅×高さ　ピクセル)	容量 (KB)
001.jpg	1478 × 1108	520
002.jpg	228 × 512	99.2
img1.jpg	864 × 1536	828
img2.jpg	410 × 231	72.3

　これらの画像の中で、容量が200KB以上なのは001.jpgとimg1.jpgの2つです。この2つの画像のみ、幅500ピクセル、高さ400ピクセルを上限にリサイズされるはずです。

　ここで、実行する前にphotoフォルダーをバックアップしておいてください。バックアップの方法は、デスクトップにコピーするなど、自由で構いません。photoフォルダーを丸ごとデスクトップなどにコピーする方法をオススメします。

　バックアップを終えたら、実行してください。print関数で出力するコードは一切ないので、実行結果はJupyter Notebookのセルには表示されません。実行結果はphotoフォルダー内の画像の大きさおよび容量で確認します。

　photoフォルダー上にて、ポップアップで各画像の大きさと容量を表示すると、以下のとおりと確認できます。

001.jpg

```
項目の種類: JPG ファイル
大きさ: 500 x 375
サイズ: 35.8 KB
```

```
大きさ：500 × 375ピクセル
容量　：35.8KB
```

002.jpg

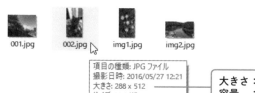

項目の種類: JPG ファイル
撮影日時: 2016/05/27 12:21
大きさ: 288 x 512
サイズ: 99.2 KB

大きさ：228 × 512 ピクセル
容量　　：99.2KB

img1.jpg

001.jpg　　002.jpg　　img1.jpg　　img2.jpg

項目の種類: JPG ファイル
大きさ: 225 x 400
サイズ: 34.0 KB

大きさ：225 × 400 ピクセル
容量　　：34.0KB

img2.jpg

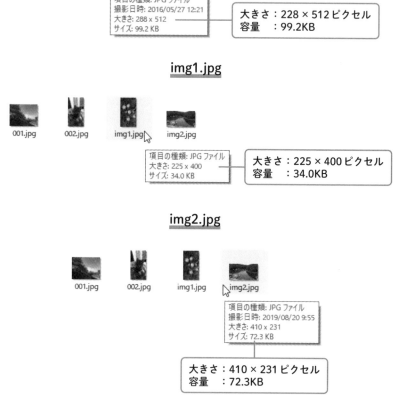

001.jpg　　002.jpg　　img1.jpg　　img2.jpg

項目の種類: JPG ファイル
撮影日時: 2019/08/20 9:55
大きさ: 410 x 231
サイズ: 72.3 KB

大きさ：410 × 231 ピクセル
容量　　：72.3KB

　4つの画像のうち、大きさと容量が変更されたのは001.jpgとimg1.jpgの2つです。元の容量は001.jpgが520KB、img1.jpgが828KBであり、200KB以上なので意図通りリサイズ処理が行われました。

　リサイズ後の大きさを見ると、001.jpgは表のとおり元のサイズが

1478×1108と横長なので、幅500ピクセルを上限にリサイズされ、高さはそれにあわせて375ピクセルにリサイズされました。一方、img1.jpgは元のサイズが864×1536と縦長なので、高さ400ピクセルを上限にリサイズされ、幅はそれにあわせて225ピクセルにリサイズされました。

　残りの002.jpgとimg2.jpgは容量が200KB以上ではないので、リサイズ処理が行われず、大きさも容量も変更されていません。動作確認は以上です。ちゃんと意図通りの実行結果が得られることがわかりました。

　サンプル1はひとまずこれで完成です。Chapter04から長い間お疲れ様でした！　"ひとまず"と申し上げたのは、機能としてはこれで完成なのですが、コードをカイゼンする余地がたくさん残っているからです。一般的にプログラムはいったん完成したあとも、機能はそのままに、よりよいコードにカイゼンすることが求められます。なぜサンプル1のコードはカイゼンが必要なのか、具体的にどこをどう改善するのか、そもそも"よりよいコード"とはどのようなコードなのかなど、次章で改めてしっかりと解説します。

完成までの段階的な作成の道のりを振り返ろう

 サンプル1を段階的に作成した過程

　本書サンプル「サンプル1」は前節で、必要な機能が一通り完成しました。ここまでに、Chapter03-06で行った段階分けに沿って、本章にかけて段階的に作り上げてきました。その過程を右ページの図のように改めて整理しておきますので、振り返ってみるよいでしょう。

　そのなかで特に、前章から本章にかけて作成した処理はフクザツであり、初心者がいきなり完成形のコードを記述するのは非常にハードルが高いと言えます。コードを記述する前に、たとえばChapter04-01やChapter07-06などの図のように、紙に手書きで構わないので、処理手順を見える化することがコツです。最初に段階分けを行ったあとも、必要なタイミングでその都度、さらに細かく段階分けして見える化します。

　ここまでに行ったように、最初は大まかな方針を考えて、各種関数やメソッド、if文（分岐）やfor文（繰り返し）、変数やリストをどこにどう使えばよいか、あたりをつけておいてから、実際のコードに落とし込み、動作確認をその都度行います。もちろん、実際にプログラムを組んでみたら、最初につけたあたりがハズレることはよくあるので、その都度考え直してコードに反映させていくことを繰り返します。これもまさにChapter03-03のPDCAサイクルです。

3つの切り口で段階分けに沿って作成

Chapter 03-06での段階分けの結果

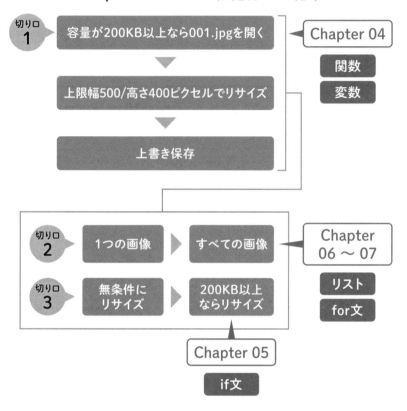

必要な関数や
変数はその都度考えて
使ったよ

if文やfor文、
リストも必要に応じて
新たに学んだね

初心者が分岐や繰り返しの処理をより確実に作成するノウハウ

 変更前のコードはコメント化して一時保管

分岐や繰り返しの処理のコードを記述する際、利用したいノウハウがコメントを利用したテクニックです。コメントはもともと、処理の意図など、コード内にメモを残しておくものでした。Pythonでは、「#」(半角のシャープ)を記述すれば、以降はコメントと見なされ、実行時には無視されるのでした。

そのようなコメント機能を段階的に作り上げていく過程のなかで、前の段階のコードの一時的な保管(バックアップ)に利用するのがコツです。右ページの図のように最初の段階のコードを書いたら、そのコードをすぐ下に丸ごとコピーした後、元のコードをすべてコメント化し、バックアップしておきます。

そして、コピーしたコードに対して、次の段階のコードになるよう追加・変更していきます。その際、前の段階のコードがすぐ上にコメントとして残っており、見比べながら作業できるため、より効率よく正確に追加・変更していけるでしょう。動作確認したら、バックアップしておいたコードを削除します。

しかも、もし頭が混乱したなどの理由で追加・変更中のコードがぐちゃぐちゃになってしまったら、コメント化を解除すれば、すぐに元の状態に復旧できます。メリットが多いノウハウなので、ぜひ活用しましょう。

コメント活用で、より効率よく確実にコードを記述

例えば、Chapter 07-08で、3箇所ある「'photo¥¥002.jpg'」を
「os.path.join('photo', fname)」に置き換える作業なら・・・

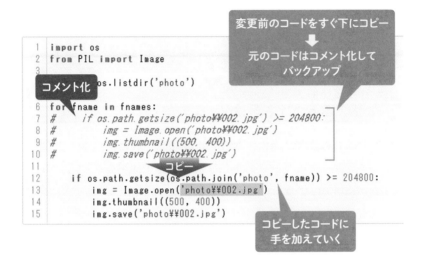

変更前のコードをすぐ下にコピー
↓
元のコードはコメント化して
バックアップ

コメント化

コピー

コピーしたコードに
手を加えていく

元のコードと見比べ
ながら、追加・変更できて
わかりやすい!

複数行のコードをまとめて
コメント化するには、選択した
状態で Ctrl + / キーを押せば
いいよ。コメントの解除も
まとめてできるよ

失敗しても、
すぐに前の段階に戻せる
から安心だね

"練習"用のセルで先に体験するメリット

 なぜ、ぶっつけ本番はダメなのか？

　本書ではこれまでJupyter Notebookにて、新たに登場した関数や文などは適宜、先にサンプル1とは別のセルで体験してから、サンプル1のセルのプログラムに使ってきました。

　一般的に、初めて使う関数や文などは使い方をよくわかっていないため、"本番"のプログラムにいきなり使うと、大抵は目的の処理をうまく作れません。それだけなら修正すればよいのですが、なかには元に戻せないほどコードをいじりまわしてしまい、せっかく段階的に作り上げてきたプログラムが無に帰すケースもあります。そうならないよう、まずは"練習"用である別のセルで体験し、基本的な使い方を把握してから本番用のセルで使うのがツボです。

　また、いきなり本番用に使うと、他の関数などと組み合わせるかたちが多いなど、どうしてもコードが長くフクザツになりがちであり、基本的な使い方すら把握が困難です。そこで、練習用では別途、初めての関数などだけを使い、極力短くシンプルなかたちのコードで練習します。その関数などだけを集中して練習できるので、基本的な使い方がより把握しやすくなります。

　練習用セルの活用は、「段階的に作り上げる」の次に大事なノウハウなので、ぜひ身に付けましょう。

別のセルを使い練習用のコードで先に体験するメリット

◉いきなり本番に使うと・・・

この関数、初めてだな。
よくわかっていないけど、
使っちゃえ!

うまく動かないなぁ。修
正しなきゃ…ああっ、
コードをいじっていた
ら、グチャグチャになっ
て、元に戻せなくなっ
ちゃった!

◉練習してから本番に使うと・・・

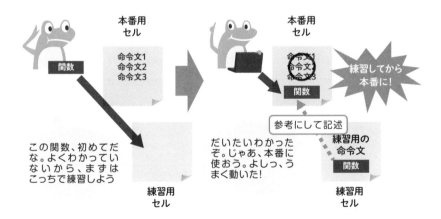

この関数、初めてだ
な。よくわかってい
ないから、まずは
こっちで練習しよう

だいたいわかった
ぞ。じゃあ、本番に
使おう。よしっ、う
まく動いた!

繰り返しの処理の動作確認のコツ

for文による繰り返しの処理の動作確認は、たとえばサンプル1なら、本来はすべての画像が200KB以上ならリサイズされたか、1つずつチェックすべきです。しかし、そのような時間が取れないのはよくあること。そこで、時間ない場合はとりあえず、少なくとも先頭と最後の画像がちゃんと処理されているかだけでもチェックすることをオススメします。ここで言う先頭と最後の画像とは、繰り返しで最初に処理される画像と、最後に処理される画像のことです。

一般的に繰り返しの処理では、先頭や最後のデータに対して、処理のモレなどのトラブルが起こりがちなので、少なくともそれらだけはチェックしておくようにしましょう。もちろん、のちほど時間ができたら、改めてすべてのデータで動作確認を行います。

また、Chapter05-09にて、分岐（if文）の動作確認では、条件式に用いるデータを事前にちゃんと把握したうえで、得られるはずの結果を明確化しておくことが大切と解説しました。繰り返しの処理でも同様に、用いるリストの把握や得られるはずの結果の明確化が不適切だと、動作確認が適切に行えなくなるので注意しましょう。

Chapter

08

↓

サンプル1のコードを

カイゼンしよう

なぜコードをカイゼンした方がよいのか？

 今のままじゃ見づらく、追加・変更も大変！

　サンプル「サンプル1」は前章までに、目的の機能をすべて作成しました。本章では、機能はそのままに、コードを改善します。

　なぜ改善するのでしょうか？　それは将来、たとえばphotoフォルダーの名前が変わったなどの変更に対応したり、新たな機能を追加したりする必要が生じた際、コードの編集作業をより効率よく正確に行うためです。改善点は右ページの図の【A】と【B】の2点です。

　1点目の【A】は、コードの重複の改善です。現状のコードはよく見ると、重複した記述が散見されます。そのため、ゴチャゴチャ読みづらく、どのような機能のためにどのような処理が書いてあるのか、非常にわかりづらくなっています。加えて、もし機能などを変更したいとなった場合、該当箇所をすべて書き換えなければなりません。手間と時間がかかり、ミスの恐れも高まるので改善します。

　2点目の【B】は、数値や文字列を直接記述している箇所の改善です。現状ではphotoフォルダーの名前の文字列、および、画像ファイルの容量やサイズの数値が直接記述されています。理由は後ほど改めて解説しますが、このこともコードの読みやすさ、変更しやすさを下げる一因となっているので改善します。

　他にも改善点はありますが、今回はこの2点で改善します。

機能は変えず、2つの観点でコードをカイゼン

```python
import os
from PIL import Image

fnames = os.listdir('photo')

for fname in fnames:
    if os.path.getsize(os.path.join('photo', fname)) >= 204800:
        img = Image.open(os.path.join('photo', fname))
        img.thumbnail((500, 400))
        img.save(os.path.join('photo', fname))
```

このままでも
ちゃんと動くけど・・・
機能の追加・変更が
タイヘン！コードも
ちょっと見づらいし

【A】コードの重複

【B】数値や文字列を直接記述

たとえば、
「os.path.join('photo', fname)」
だと、3箇所で重複しているね

文字列が"直接記述"って、
「'」で囲まれて書かれている
箇所のことだよ

02 同じコードが何度も登場する状態を解消しよう

 全く同じ記述が3箇所にある！

　本節では、前節で挙げた改善点の1つ目の【A】コードの重複を改善します。前節の図でも提示しましたが、重複するコードで目立つのが以下です。同じ記述が3箇所に登場しています。

```
os.path.join('photo', fname)
```

　この記述はChapter07-07で初めて登場しましたが、os.path.join関数を使い、リサイズ対象となる画像ファイルのパスを組み立てる処理でした。このようにコードが重複していると、具体的にどんなデメリットが生じるのでしょうか？　まずはコードがゴチャゴチャ見づらくなることです。

　そして、大きなデメリットが「変更に弱い」です。たとえば、画像ファイルが格納されているフォルダー名が「photo」から「shashin」に変更されたと仮定します。この変更にプログラムを対応させるには、3箇所ある文字列「photo」を「shashin」にすべて書き換え、「os.path.join('shashin', fname)」に変更する必要があります。また、パスを組み立てる処理をos.path.join関数以外の方法に変更したくなった際なども、同様にすべて変更しなければなりません。

　3箇所とはいえ、それなりの手間は要します。しかも、書き換えミスの恐れも常に付きまといます。もし、書き換えが必要な箇所がもっと多ければ、デメリットはさらに増えるでしょう。

　また、Jupyter Notebookにはコードの置換機能が搭載されており、それを使って一括置換すれば、簡単に誤りなく書き換えられそうです。今回のケースでは確かにそうです。しかし、もし元のフォルダー名が別の語句だった場合、他の文字列や変数名や関数名などの一部とスペルが被る可能性があります。そうなると、単純に一括置換すると、置換されては困る箇所まで置換されてしまう恐れが高いでしょう。

　このように、フォルダー名の変更に対応するために、コードの該当箇所をすべて書き換えるのは、手作業はもちろん、置換機能を用いたとしても得策とは言えません。このようなデメリットをなくすため、コードの重複を解消するのです。書き換えの手間もミスの恐れも飛躍的に低減できます。

　なお、コードの重複によるデメリットは、処理効率の面で他にもありますが、次節で改めて解説します。また、文字列「photo」の重複の解消については、Chapter08-06以降で改めて解説します。

重複するコードを変数でまとめるのがツボ

　それでは、3箇所ある記述「os.path.join('photo', fname)」の重複の解消に取り掛かりましょう。

　重複を解消する方法はザックリ言えば「変数でまとめる」です。大まかな流れは以下であり、変数を使うことがツボです。

【STEP1】重複するコードの実行結果を変数に格納する
【STEP2】重複するコードの箇所をすべて、その変数に置き換える

重複するコードである「os.path.join('photo', fname)」は繰り返しになりますが、os.path.join関数で2つの文字列を連結することで、処理対象の画像ファイルのパスを組み立てる処理です。os.path.join関数の実行結果として、連結された文字列——つまり、画像ファイルのパスが戻り値として得られます。

　まとめ方としては、まず【STEP1】にて、変数を用意して、その戻り値を格納するのです。すると、画像ファイルのパスがその変数に格納される結果となります。そして【STEP2】にて、「os.path.join('photo', fname)」が記述されている3箇所を、その変数にすべて置き換えます。

「os.path.join('photo', fname)」を変数でまとめる

【STEP1】組み立てた画像ファイルのパスを変数に格納

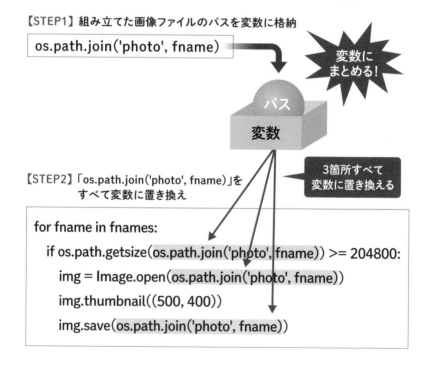

【STEP2】「os.path.join('photo', fname)」をすべて変数に置き換え

```
for fname in fnames:
    if os.path.getsize(os.path.join('photo', fname)) >= 204800:
        img = Image.open(os.path.join('photo', fname))
        img.thumbnail((500, 400))
        img.save(os.path.join('photo', fname))
```

　変数でまとめる前は、3箇所でos.path.join関数がそれぞれ実行され、その戻り値が処理に使われることになります。一方、変数でまとめると、os.path.join関数は【STEP1】で1回のみ実行されることになります。その戻り値が格納された変数によって、元の3箇所が置き換えられるということは、それら3箇所すべてにos.path.join関数の戻り値が使われることになります。したがって、まとめる前と同じ実行結果が得られるのです。

実際に変数でまとめよう！

　それでは、実際に【STEP1】～【STEP2】の流れに沿って、重複するコード「os.path.join('photo', fname)」を変数でまとめてみましょう。

　最初は【STEP1】の「重複するコードの実行結果を変数に格納する」です。まずは"まとめ先"となる変数を用意します。そのためには何はともあれ、変数名を決める必要があります。既に使っている名前以外なら、どんな変数名でもよいのですが、今回は「fpath」とします。

　この変数fpathに、重複するコード「os.path.join('photo', fname)」を代入します。そのコードは以下になります。

```
fpath = os.path.join('photo', fname)
```

　このコードによって、os.path.join関数の戻り値が変数fpathに代入されます。つまり、処理対象の画像ファイルのパスが変数fpathに格納されることになります。

　では、上記コードをサンプル1に追加しましょう。追加位置はfor以下のブロックの先頭です。現在、forブロックの先頭はif文なの

で、その前に挿入するかたちになります。この位置に追加する理由はChapter08-05で改めて詳しく解説します。また、if文の間には今回、空の行を入れるとします。

追加前

```
import os
from PIL import Image

fnames = os.listdir('photo')

for fname in fnames:
    if os.path.getsize(os.path.join('photo', fname)) >= 204800:
        img = Image.open(os.path.join('photo', fname))
        img.thumbnail((500, 400))
        img.save(os.path.join('photo', fname))
```

追加後

```
import os
from PIL import Image

fnames = os.listdir('photo')

for fname in fnames:
    fpath = os.path.join('photo', fname)

    if os.path.getsize(os.path.join('photo', fname)) >= 204800:
        img = Image.open(os.path.join('photo', fname))
        img.thumbnail((500, 400))
```

```
img.save(os.path.join('photo', fname))
```

　次は【STEP2】の「重複するコードの箇所をすべて、その変数に置き換える」です。以降の計3箇所にある「os.path.join('photo', fname)」を以下のように、すべて変数fpathで置き換えてください。

　その際、3箇所同時に置き換えることになりますが、より効率よく作業できるよう、Chapter07-10で学んだ「変更前のコードはコメント化して一時保管」のノウハウを用いるとよいでしょう（コメント化の例の画面は次々ページに提示します）。

変更前

```
import os
from PIL import Image

fnames = os.listdir('photo')

for fname in fnames:
    fpath = os.path.join('photo', fname)

    if os.path.getsize(os.path.join('photo', fname)) >= 204800:
        img = Image.open(os.path.join('photo', fname))
        img.thumbnail((500, 400))
        img.save(os.path.join('photo', fname))
```

変更後

```
import os
from PIL import Image
```

```
fnames = os.listdir('photo')

for fname in fnames:
  fpath = os.path.join('photo', fname)

  if os.path.getsize(fpath) >= 204800:
    img = Image.open(fpath)
    img.thumbnail((500, 400))
    img.save(fpath)
```

置き換え前のコードをコメント化して一時保管する例

```
 1  import os
 2  from PIL import Image
 3
 4  fnames = os.listdir('photo')
 5
 6  for fname in fnames:
 7      fpath = os.path.join('photo', fname)
 8
 9  #      if os.path.getsize(os.path.join('photo', fname)) >= 204800:
10  #          img = Image.open(os.path.join('photo', fname))
11  #          img.thumbnail((500, 400))
12  #          img.save(os.path.join('photo', fname))
13
14      if os.path.getsize(fpath) >= 204800:
15          img = Image.open(os.path.join('photo', fname))
16          img.thumbnail((500, 400))
17          img.save(os.path.join('photo', fname))
```

if文の4行すべてをコメント化している
よ。3行目の「img.thumbnail((500,
400))」は置き換えの対象外だけど、ま
とめてコメント化した方がラクだし、
見た目的にもわかりやすいからオスス
メだよ

　これで、3箇所あった重複するコード「os.path.join('photo', fname)」をすべて変数fpathに置き換えることができました。なお、ここで行った置き換えは、目的の箇所以外に全く同じ記述がないため、一括置換機能を用いても、全く問題なく置き換えられます。

　さっそく動作確認してみましょう。その際、photoフォルダーのバックアップを忘れないで行ってください。すると、前節までと同様に、photoフォルダー内の画像がリサイズされることがわかります。機能は一切変更せず、コードの改善として、コードの重複を解消しただけなので、前節までと同じ実行結果が得られるのです。

　なお、本節の【STEP2】で行ったコードの置き換えなら、一括置換機能を利用しても問題ないでしょう。置き換え元のコード「os.path.join('photo', .fname)」はある程度長いなど、該当箇所以外のコードと被る可能性はないので、置換されては困る箇所まで誤って置換されてしまう恐れはないからです。

　本節でコードの重複を解消した結果、以前の問題がどう改善されたのか、次節で改めて解説します。

重複するコードをまとめると処理の効率化もできる！

 重複する処理を何度も実行するのは非効率的

前節では、「os.path.join('photo', fname)」を変数でまとめて、重複を解消しました。その結果、コード全体がスッキリと見やすくなりました。そして、変更にもラクに対応できるようになりました。

実はまとめたメリットはさらにあります。それは「処理の効率化」です。改善前は「os.path.join('photo', fname)」が3箇所に記述されていました。この場合、3箇所すべてでos.path.join関数が毎回実行され、パスを組み立てる処理が行われることになります。毎回同じパスが得られるのに、いちいち組み立てる処理を行っていては効率が悪いと言えるでしょう。

改善後は「os.path.join('photo', fname)」は1箇所にしか記述されていません。os.path.join関数は一度しか実行されず、パスを組み立てる処理は一度しか実行されません。そのため、より効率的に処理可能となったのです。

処理が効率化されると、処理時間が短くなります。言い換えると、高速化されます。ただ、今回まとめた処理はそれほど負荷が大きくないので、体感できるほど高速化しません。とはいえ、「1回実行すれば済む処理は、一度だけ記述する」という考え方は非常に大切です。今後、自分でプログラムを作る際、この考え方を常に意識して、効率よく処理できるコードを書くよう心がけましょう。

ツボは「1回実行すれば済む処理は一度だけ記述」

たとえば、処理Aを3回実行するプログラムがあるとします。
処理Aは1回実行するのに1秒要すると仮定します。

◉同じ処理Aのコードが重複して記述していると・・・

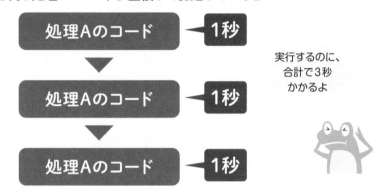

実行するのに、
合計で3秒
かかるよ

◉同じ処理Aのコードを変数にまとめると・・・

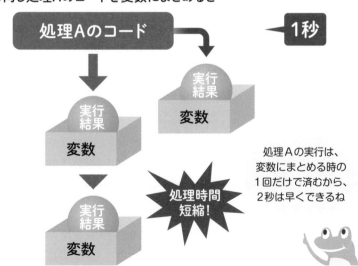

処理Aの実行は、
変数にまとめる時の
1回だけで済むから、
2秒は早くできるね

コードの重複は他にも残っているけど……？

 1回実行すれば済む処理の重複を解消しよう

　ここで改めて、「コードの重複」という観点で、サンプル1の現在のコードを見直してみましょう。まず、文字列「photo」(「'photo'」という記述)が2箇所あります。これは数値や文字列を直接記述している箇所であり、Chapter08-06で重複を解消します。

　他に重複している記述は、右ページの図に示したように4種類あります。前々節でまとめた変数fpathも含まれています。これらは解消しなくてもよいのでしょうか?

　結論から述べると、解消する必要はありません。これらはすべて変数ですが、何かしらの処理をまとめたものだからです。何をまとめたのかは、変数fpathは前節のとおりです。変数fnamesはos.listdir関数の結果、変数fnameはfor文によって変数fnamesのリストから取り出した要素、変数imgはImage.open関数の結果になります。

　いずれの変数も最初に結果や要素を代入し、そのあとの処理に用いており、「1回実行すれば済む処理は、一度だけ記述するようにする」という考え方にあてはまっています。それゆえ、記述自体は重複していても、解消する必要はありません。このようにコードの重複を解消するかどうかは、単に記述が重複しているかではなく、上記の考えにあてはまっているかで判断すべきなのです。

重複の解消が必要な箇所と不要な箇所

```python
import os
from PIL import Image

fnames = os.listdir('photo')

for fname in fnames:
    fpath = os.path.join('photo', fname)

    if os.path.getsize(fpath) >= 204800:
        img = Image.open(fpath)
        img.thumbnail((500, 400))
        img.save(fpath)
```

'photo'	2箇所
fnames	2箇所
fpath	4箇所
fname	2箇所
img	3箇所

単純に
"重複した記述" か
どうかで見ると、これだけ
残っているけど・・・

「'photo'」
以外は重複を解消
しなくてもOKだよ。
なぜなら・・・

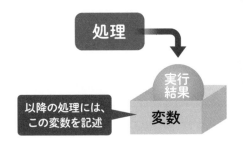

関数とかの処理結果を
変数にまとめて、以降はその
変数を使ったパターン
だからね！

重複を変数にまとめる
コードはどこに挿入する?

 この処理よりはゼッタイに前でないとダメ

　Chapter08-02では、重複する処理を変数にまとめるコード「fpath = os.path.join('photo', fname)」を、for以下のブロックの先頭に挿入しました。他の位置に挿入しても構わないのでしょうか?　結論としては、この位置でなくてはなりません。その理由を理解するポイントは変数です。

　上記コードの右辺では、os.path.join関数の第2引数に変数fnameが指定されています。この変数fnameはfor文(「for fname in fnames:」)の変数でした。繰り返しの度にリストfnamesの要素として、photoフォルダー内の画像のファイル名が順に格納されるのでした。

　ということは、もし右ページの図のように、for文より前の位置(for文の上)に「fpath = os.path.join('photo', fname)」を挿入してしまうと、変数fnameには何の値も格納されず、空のままパスの結合に用いられます。すると当然、意図したパスの文字列は得られなくなってしまいます。したがって、「for fname in fnames:」よりも後ろに挿入しなければなりません。

　そして、変数fpathはfor以下のブロックの処理で用いるので、「fpath = os.path.join('photo', fname)」はfor以下のブロックに挿入する必要があるのです。

for文の前に挿入してしまうと……

もし、for文の前に挿入してしまうと・・・

```
import os
from PIL import Image

fnames = os.listdir('photo')
fpath = os.path.join('photo', fname)

for fname in fnames:
    if os.path.getsize(fpath) >= 204800:
        img = Image.open(fpath)
        img.thumbnail((500, 400))
        img.save(fpath)
```

変数fnameに注目!
初めて登場するのは、
ここになっちゃうよね

これじゃパスの
値がおかしく
なっちゃう!

変数fnameはここで
初めて値が入る

それなのに・・・

変数fnameは
この時点では空。「photo」
と空の文字列を連結する
ことになってしまう

ここより後でもうまく動かなくなる！

　とはいえ、for以下のブロックなら、どこに挿入してもよいのでしょうか？　結論はNoです。if文（「if os.path.getsize(fpath) >= 204800:」）の前でなければなりません。

　たとえば右ページの図のように、if文の前ではなく、if以下のブロックの先頭に挿入するとどうなるでしょうか？

　このif文は条件式にて、変数fpathを使っています。そのため、「fpath = os.path.join('photo', fname)」を、そのif文「if os.path.getsize(fpath) >= 204800:」よりも後ろの位置に挿入してしまうと、if文の条件式では、変数fpathが空（パスが空の文字列）のままos.path.getsize関数で容量を取得し、判定が行われてしまうため、意図通り判定できなくなってしまいます。

　このように、いくら「fpath = os.path.join('photo', fname)」というコード自体は正しくても、挿入する箇所が不適切だと、意図通りの実行結果が得られなくなってしまうので注意しましょう。当たり前と思える注意点かもしれませんが、意図通り動作するプログラムを自力で書くためには大切なことなのです。

for以下でも、「if os.path.getsize 〜」より後ろはダメ

もし、「if 〜」の後に挿入してしまうと･･･

```
import os
from PIL import Image

fnames = os.listdir('photo')

for fname in fnames:
  if os.path.getsize(fpath) >= 204800:
    fpath = os.path.join('photo', fname)
    img = Image.open(fpath)
    img.thumbnail((500, 400))
    img.save(fpath)
```

今度は変数fpathに注目!
初めて登場するのは、
ここになっちゃうよね

これじゃ容量が
ちゃんと
得られないよ!

変数fpathはここで
初めて値が入る

それなのに･･･

変数fpathは
この時点では空。空の
パスで容量を取得すること
になってしまう

文字列のコードの重複を解消しよう

 文字列の重複も変数でまとめる

　本節では、文字列「photo」(「'photo'」という記述) がまだ2箇所で重複している状態を解消します。その2箇所とは、Chapter08-04で確認したとおり、os.listdir関数の引数とos.path.join関数の引数でした。

　重複を解消するための考え方や方法はこれまでと同じです。変数を使って文字列「photo」まとめ、もともとその文字列が記述されていた2箇所を置き換えます。変数名は何でもよいのですが、今回は「DIR_PHOTO」とします。なお、この変数の命名については、Chapter08-08で改めて解説します。

　文字列「photo」を変数DIR_PHOTOに格納するコードは「DIR_PHOTO = 'photo'」になります。そして、文字列「photo」が記述されている2箇所を、この変数DIR_PHOTOで置き換えます。「DIR_PHOTO = 'photo'」の挿入位置は、変数DIR_PHOTOで置き換える最初の箇所はos.listdir関数の引数なので、その前に挿入する必要があります。

　以上を踏まえると、以下のようにコードを追加・変更すればよいことになります。

追加・変更前

```
import os
from PIL import Image


fnames = os.listdir('photo')


for fname in fnames:
    fpath = os.path.join('photo', fname)
            :
            :
```

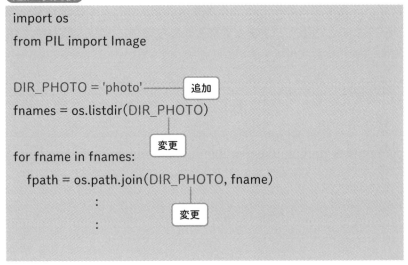

追加・変更後

```
import os
from PIL import Image


DIR_PHOTO = 'photo'───── 追加
fnames = os.listdir(DIR_PHOTO)

              変更
for fname in fnames:
    fpath = os.path.join(DIR_PHOTO, fname)
            :
            :       変更
```

　お手元のコードを追加・変更できたら、動作確認してください。機能は変更していないので、同じ実行結果が得られるはずです。動作確認を終えたら、次の動作確認のために、photoフォルダーの中身を必ず元に戻しておいてください。

慣れない間は段階的にまとめるのが吉

　本章ではここまでに、変数でまとめることで、コードの重複を解消してきました。最初は前節までに、3箇所あった「os.path. join('photo', fname)」を変数 fpath にまとめました。次に本節で2箇所に残っていた「'photo'」を変数 DIR_PHOTO にまとめました。

　改めて振り返ると、「'photo'」という記述は「os.path.join('photo', fname)」に含まれており、最初の解消作業によって、3箇所あったのをまとめました。しかし、「fnames = os.listdir('photo')」にも残っていたので、次の解消作業によって、ようやく1つにまとめることができました。

　「'photo'」は今回、このように2段階でまとめて重複を解消しましたが、一気にまとめてももちろん構いません。ただし、慣れない間は一気にまとめようとすると混乱しがちなので、"急がば回れ"で段階的にまとめることをオススメします。

　また、その際はChapter08-02でも触れましたが、もしコードの追加・変更に失敗しても元に戻せるよう、Chapter07-10で学んだ「変更前のコードはコメント化して一時保管」のノウハウを用いるとよいでしょう。

数値や文字列を直接記述している箇所はなぜカイゼンすべきか

 記述している箇所を探すだけでも一苦労

　本節からはChapter08-01で解説した2つ目の改善点として、数値や文字列を直接記述している箇所をカイゼンします。まずは数値のみに着目します。文字列についてはChapter08-09の後半で改めて解説します。

　サンプル1は現在、204800、500、400という3つの数値が直接記述されています。数値を直接記述すると、どのような問題があるのでしょうか？　大きく分けて2つあります。

　まずは1つ目の問題を解説します。if文の条件式「os.path.getsize(fpath) >= 204800」の中に、204800という数値が記述されています。これはリサイズの基準となるファイル容量である200KBを意味する数値でした。

　もし、別の容量に変更したくなったら、コードの中から204800を探し出して書き換える必要があります。サンプル1はコードが短いので苦も無く探せますが、コードが長いと一苦労でしょう。

　さらには、サンプル1には204800は1箇所しか記述されていませんが、もし同じ数値が複数あるなら、Jupyter Notebookをはじめエディタには検索機能や置換機能があるとはいえ、1つ1つ探し出して書き換えるのは、それなりの時間と労力を要するものです。しかも、単純な

一括置換には要注意です。その理由は2つ目の問題に関係します。

同じ数値だが、意味や用途が異なると……

　2つ目の問題は、同じ数値だが、意味や用途が異なる数値が複数あった場合に生じます。一体どういうことでしょうか?

　ここでサンプル1にて、リサイズの上限の高さが400ピクセルでなく、500であると仮定します。幅と同じ値になります。すると、リサイズ処理のコードは右ページの図(A)のようになります(お手元のコードは変更しないでください)。上限の幅も500ピクセルなので、500という数値が2つ並ぶ格好になります。

　ここで、リサイズの上限の幅のみを500ピクセルから、600ピクセルに変更したくなったとします。安易に「500の箇所を600に変更すればいいや!」と思い込み、2箇所ある500をともに600に書き換えてしまうと当然、プログラムは意図通りの実行結果が得られなくなります。

　なぜなら、幅は確かに意図通り600ピクセルに変更できましたが、高さまで600ピクセルに変更されたからです。本来、高さは500ピクセルのままで変えたくなかったのに、同じ数値であるという安易な思い込みで変更してしまいがちです。特に一括置換で変更すると必ず起きるトラブルです。

　このように同じ500という同じ数値だが、幅と高さという異なる意味・用途(役割)の数値が複数登場するコードの場合、数値を直接記述していると、よく読まないと区別がつかないため、変更の際に大きなトラブルの元となりがちなのです。

　そして、これら2つの問題は文字列を直接記述している箇所にも、同様の理由によってあてはまります。

数値や文字列を直接記述しているデメリット

◉変更への対応に手間がかかる

コード

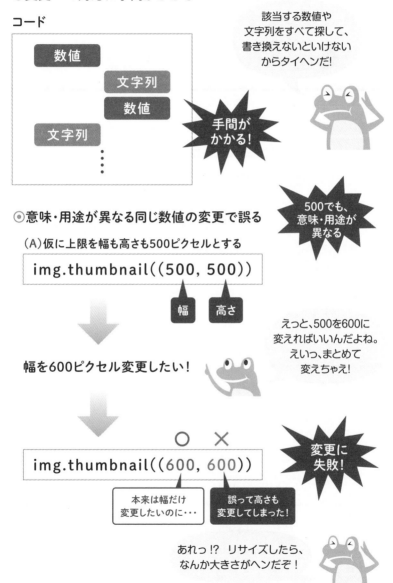

該当する数値や
文字列をすべて探して、
書き換えないといけない
からタイヘンだ!

手間が
かかる!

◉意味・用途が異なる同じ数値の変更で誤る

500でも、
意味・用途が
異なる

（A）仮に上限を幅も高さも500ピクセルとする

```
img.thumbnail((500, 500))
```

幅　高さ

↓

幅を600ピクセル変更したい!

えっと、500を600に
変えればいいんだよね。
えいっ、まとめて
変えちゃえ!

↓

〇　×

```
img.thumbnail((600, 600))
```

本来は幅だけ
変更したいのに・・・

誤って高さも
変更してしまった!

変更に
失敗!

あれっ!?　リサイズしたら、
なんか大きさがヘンだぞ!

数値や文字列を直接記述している箇所は変数でカイゼン

 冒頭で変数に格納してまとめておく

　数値や文字列を直接記述している箇所の問題は、変数で解決します。大まかな流れは以下です。コードの重複解消と本質は同じです。

【STEP1】直接記述している数値や文字列を意味・用途ごとに変数に格納する

【STEP2】数値や文字列を直接記述している箇所をすべて、それら変数に置き換える

　一見、数値や文字列を変数で間接的に指定しなおしただけに思えますが、変数を意味・用途ごとに用意するのがポイントです。その際、変数名はおのおのの数値や文字列の意味・用途がスグにわかる名前にすることが大切なツボです。そして、変数に格納するコードは、プログラムの冒頭付近にまとめて記述します。これもツボです。

　これで前節の2つの問題を解決できます。その上、数値や文字列を変更したい場合、それらを変数に格納するコードは冒頭に近い箇所に記述されているので、スグに探せます。しかも、意味・用途ごとに変数に格納されており、かつ、変数名も理解しやすいので、同じ値だが意味・用途が異なる数値や文字列も混同せず変更できます。

変数を使えば、変更がよりラクに、より確実にできる

◉変更への対応がラクになる

コード

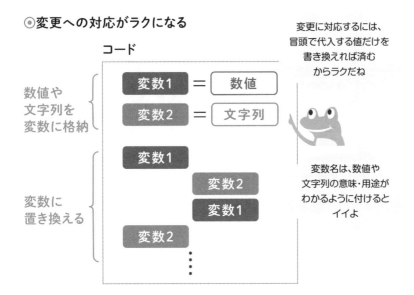

数値や
文字列を
変数に格納

変数に
置き換える

変更に対応するには、
冒頭で代入する値だけを
書き換えれば済む
からラクだね

変数名は、数値や
文字列の意味・用途が
わかるように付けると
イイよ

◉意味・用途が異なる同じ数値でも確実変更できる

幅と高さそれぞれに変数を用意。
変更の際はここを書き換える

幅や高さを
変更したければ、それぞれの
変数に代入する数値を
書き換えればOKだね！

これなら同じ500でも
間違えないから安心だ！

数値や文字列を直接記述している箇所を実際に変数でカイゼンしよう

 ファイル容量の数値を変数に入れて置き換える

　それでは、前節で学んだ方法を用いて、サンプル1のコードで数値や文字列を直接記述している箇所を、変数を利用して改善してみましょう。まずは数値です。直接記述している数値はChapter08-07で挙げた3箇所でした。上から順に改善していきましょう。

　最初の改善は、if文の条件式「os.path.getsize(fpath) >= 204800」に登場する204800という数値です。リサイズの基準となるファイル容量である200KBを意味する数値でした。この204800を変数に格納し、その変数をif文の条件式の該当箇所で置き換えます。

　変数名は何でもよいのですが、今回は「MAX_FSIZE」とします。変数DIR_PHOTOと同じく、大文字アルファベットとアンダースコアのみで命名していますが、理由はChapter08-11で改めて解説します。この変数MAX_FSIZEに数値の204800を格納するコードは以下です。

```
MAX_FSIZE = 204800
```

　上記コードをプログラムの冒頭に近い箇所に挿入します。今回は「DIR_PHOTO = 'photo'」の下とします。挿入の際、すぐ下のコード

「fnames = os.listdir(DIR_PHOTO)」との間に空の行を入れるとしま
す。そして、if文の条件式にて、数値の204800を変数DIR_PHOTO
に置き換えればOKです。

　では、お手元のコードを以下のように追加・変更してください。

追加・変更前

```
import os
from PIL import Image

DIR_PHOTO = 'photo'
fnames = os.listdir(DIR_PHOTO)

for fname in fnames:
    fpath = os.path.join(DIR_PHOTO, fname)

    if os.path.getsize(fpath) >= 204800:
        img = Image.open(fpath)
        img.thumbnail((500, 400))
        img.save(fpath)
```

追加・変更後

```
import os
from PIL import Image

DIR_PHOTO = 'photo'
MAX_FSIZE = 204800

fnames = os.listdir(DIR_PHOTO)
```

```
for fname in fnames:
    fpath = os.path.join(DIR_PHOTO, fname)

    if os.path.getsize(fpath) >= MAX_FSIZE:
        img = Image.open(fpath)
        img.thumbnail((500, 400))
        img.save(fpath)
```

　これで変数MAX_FSIZEによって、数値の204800を直接記述している状態を解消できました。動作確認して、コードを追加・変更する前と同じ実行結果が得られることを確認しておきましょう。実行前には、photoフォルダーの中身が元の状態に戻してあるか確かめてください。

幅と高さの数値も変数でカイゼンしよう

　次は残りの2つの数値である500と400の改善を一緒に行いましょう。前者はリサイズの上限の幅、後者は高さをピクセル単位で表した数値でした。変数名は何でもよいのですが、前者を格納する変数は「MAX_W」、後者は「MAX_H」とします。
　両変数にそれぞれ数値を格納するコードを追加します。挿入場所は「MAX_FSIZE = 204800」のすぐ下とします。そして、該当箇所を両変数でそれぞれ置き換えます。では、以下のようにコードを追加・変更してください。

追加・変更前

```
import os
from PIL import Image
```

```
DIR_PHOTO = 'photo'
MAX_FSIZE = 204800


fnames = os.listdir(DIR_PHOTO)


for fname in fnames:
  fpath = os.path.join(DIR_PHOTO, fname)


  if os.path.getsize(fpath) >= MAX_FSIZE:
    img = Image.open(fpath)
    img.thumbnail((500, 400))
    img.save(fpath)
```

追加・変更後

```
import os
from PIL import Image


DIR_PHOTO = 'photo'
MAX_FSIZE = 204800
MAX_W = 500
MAX_H = 400


fnames = os.listdir(DIR_PHOTO)


for fname in fnames:
  fpath = os.path.join(DIR_PHOTO, fname)
```

```
if os.path.getsize(fpath) >= MAX_FSIZE:
    img = Image.open(fpath)
    img.thumbnail((MAX_W, MAX_H))
    img.save(fpath)
```

　これで変数MAX_Wと変数MAX_Hによって、数値の500と400を直接記述している状態を解消できました。先ほどと同じく動作確認して、コードを追加・変更する前と同じ実行結果が得られることを確認しておきましょう。

 ## これで変更がより効率的に行える！

　本節ではここまでにサンプル1にて、数値を直接記述していた3箇所をそれぞれ変数によって改善しました。現段階でのコードを改めて見ると、改善の結果、3つの数値をそれぞれ変数に格納するコードが冒頭に近い箇所にまとめられたことがわかります。

　しかし、読者のみなさんの中には「カイゼンした後も、『MAX_FSIZE = 204800』とかのコードで、数値を直接記述しているじゃないか！　結局、直接記述している箇所は残ったままだよね」とギモンを抱いた方が少なくないでしょう。

　確かに数値を直接記述している箇所そのものはまだあるのですが、コードがこのようなかたちになっていると、変更への対応が格段に効率的に可能となります。リサイズの基準となるファイル容量、幅や高さの上限といった変更したい対象の数値は、すべて冒頭に近い箇所にまとまっているので、その箇所を探すだけで済みます。なおかつ、それぞれ変数名を見れば、該当の変数がどれなのかも判別できます。そのため、たとえ同じ数値だが、意味・用途が異なる数値があっても、誤って変更してしまうリスクを劇的に減らせるでしょう。

　加えて、サンプル1は該当しませんが、同じ意味・用途の数値が複数個所に直接記述されたコードなら、変数でまとめたため、変更のしやすさやコードの見やすさがアップするという効果はもっと大きくなります。

　また、通常は各変数にそれぞれ数値を格納するコードには、どのような意味・用途なのかがよりわかるよう、コメントを入れます。たとえば以下です。コメントを加えることで、変更への対応がより効率的になります。余裕があれば、お手元のコードにもコメントを追記しておくとよいでしょう。

```
MAX_FSIZE = 204800 # リサイズの基準となるファイル容量
MAX_W = 500 # リサイズの上限の幅
MAX_H = 400 # リサイズの上限の高さ
```

変数の意味・用途をコメントで補足する例

```python
In [2]:
 1  import os
 2  from PIL import Image
 3
 4  DIR_PHOTO = 'photo'
 5  MAX_FSIZE = 204800   # リサイズの基準となるファイル容量
 6  MAX_W = 500   # リサイズの上限の幅
 7  MAX_H = 400   # リサイズの上限の高さ
 8
 9  fnames = os.listdir(DIR_PHOTO)
10
11  for fname in fnames:
12      fpath = os.path.join(DIR_PHOTO, fname)
13
14      if os.path.getsize(fpath) >= MAX_FSIZE:
15          img = Image.open(fpath)
16          img.thumbnail((MAX_W, MAX_H))
17          img.save(fpath)
```

文字列はすでに解決済み!

　続けて、文字列が直接記述している箇所を解消しましょう……と言いたいところですが、実はすでに解消しています。サンプル1で登場する文字列は「photo」だけですが、Chapter08-06にて、2箇所に重複していた文字列「photo」(「'photo'」という記述)を変数DIR_PHOTOにまとめました。この変数DIR_PHOTOに文字列「photo」を格納するコードは、冒頭に近い箇所に記述しました。

　このようにChapter08-06で重複解消したことは、見方を変えれば、文字列「photo」を2箇所に直接記述されていた状態を、変数DIR_PHOTOによって解消したと言えます。このように重複して記述されている文字列や数値を変数にまとめると、直接記述している箇所の解消も同時に行えるケースが多々あります。

　読者のみなさんが今後、自分でPythonのプログラムを改善する際、まずはコードの重複を解消し、そのあとに数値や文字列を直接記述している箇所を解消すると、改善作業が効率的に進められるのでオススメです。

\Column/

変数MAX_FSIZEの数値の変更をよりわかりやすくするコツ

　変数MAX_FSIZEに格納している204800という数値はこれまで何度も述べてきたように、リサイズの基準となるファイル容量です。この数値の出どころは、200KBをバイト単位（B）に換算するため、200×1024＝204800（1KBは1024バイト）で算出した結果でした。

　もし、リサイズの記述のファイル容量を変更したい場合、KB単位で変更できた方がバイト単位よりもわかりやすいでしょう。しかし、現状の204800という数値では、わかりやすいとは言えません。そこで、変数MAX_FSIZEに格納するコードを以下のように書き直しします。

```
MAX_FSIZE = 200 * 1024
```

　＝の右辺は数値の200と1024の掛け算となっています。「*」（アスタリスク）は掛け算を行う演算子です。左辺と右辺の数値を掛けた値を取得できます。200は200KBを意味し、1024は1KB＝1024バイトを意味します。このようなコードなら、KB単位で変更したい際、200の部分だけを書き換えれば済みます。

　また、「MAX_FSIZE = 200 * 1024」の200と1024を、それぞれをさらに変数に格納し、変数MAX_FSIZEには両変数を掛けた値を代入するコードにしてもモチロンOKです。

　Pythonには計算のための演算子として他に、足し算の「+」、引き算の「-」、割り算の「/」などもあります。＋演算子は文字列の連結にも使えます。

数値計算用の主な演算子

演算子	意味
+	足し算
-	引き算
*	掛け算
/	割り算
%	割り算の余り
**	べき乗

変数名を大文字アルファベットで付けたワケ

変わらない値なら大文字の変数名

　本節では、変数 DIR_PHOTO、MAX_FSIZE、MAX_W、MAX_H の名前を大文字アルファベットで付けた理由を解説します。変数名が大文字か小文字かは、処理の途中で値が変化するかどうかで決めています。値が途中で変化する変数は小文字、変化しない変数は大文字という基準で命名しています。

　変数名によって、値が途中で変化する／しない変数を見分けられると、プログラムの誤りを発見し修正する作業（専門用語で「デバッグ」と呼ばれます）を効率化できます。プログラムの誤りは、値が途中で変化する変数に起因するケースが多いのですが、そういった変数を小文字で命名しておけば、コードをチェックする際、ひと目で見分けられるからです。

　この命名基準はあくまでも慣例です。Python の文法やルールで決められていることではないので、従わなくてもプログラムはちゃんと動きます。とはいえ、デバッグ効率やコードの読みやすさが向上するので、筆者は強くオススメします。

　また、変数 DIR_PHOTO などでは、単語の区切りとなる部分に「_」（アンダースコア）を入れています。この「_」は小文字の変数名でも利用して構いません。今回はたまたま、区切りを必要とする変数名が登場しなかっただけです。

数値や文字列を変数に格納するコードの挿入位置

 特に繰り返しが絡む際は注意！

　Chapter08-03では、重複を変数にまとめるコードの挿入位置について解説しました。数値や文字列を変数に格納するコードを挿入する位置も同じ考え方が大切です。まず、その変数が初めて処理に使われる箇所よりも必ず前に記述することが大前提になります。そうしないと実行した際、変数が空の状態になってしまうからです。

　そして、初めて処理に使われる箇所より前なら、どこでもよいわけではありません。たとえば、変数MAX_FSIZEに数値を代入するコード「MAX_FSIZE = 204800」をfor以下のブロックの最初に挿入したと仮定します。実行すると、ちゃんと意図通りに動作します。

　しかし、処理効率の面では好ましくありません。for以下のブロックの先頭に記述しているので、「MAX_FSIZE = 204800」が繰り返しの度に実行されます。変数MAX_FSIZEの値は途中で変更しないので、1回代入すれば済むのに、繰り返しの度に代入していては非効率的です。そのため、代入のコードは1回だけ実行される位置に挿入すべきなのです。

　このように数値や文字列を変数に代入するコードでも、「1回実行すれば済む処理は、1回だけ実行する位置に記述する」という考え方は非常に大切です。

タプルのキホンを改めて学ぼう

 タプルの一般的な書式と使い方

　本章の最後に、タプルの基礎を改めて解説します。タプルは
Chapter04-04（P95）にて、コード「img.thumbnail((500, 400))」で
登場しました。thumbnailメソッドの引数に「(幅, 高さ)」の形式で、
リサイズの上限の幅と高さの指定に用いています。P95で示したよ
うに、同メソッドの引数に指定した結果、カッコが入れ子になって
いる点がポイントでした。本節の時点では、「(MAX_W, MAX_H)」
のように幅、高さは変数で指定しています。

　タプルとは、複数の値が集まったものです。リストは複数の変
数──"箱"が集まったものですが、タプルは"箱"がなく、中身で
ある値のみが集まったものというイメージです。

　タプルの書式を一般化すると右ページの図になります。全体を「(」
と「)」で囲み、その中に目的の値を必要な個数だけ、カンマ区切りで
並べて記述します。数値だけでなく、文字列も指定できます。リス
トの書式と非常に似ており、違いは囲むのが「()」か「[]」かだけです。

　そして、タプルはリストと同じく、変数に格納して処理に用いる
ことができます。その変数ひとつで、タプルに含まれている複数の
値をまとめて扱えるのです。その具体例を次節で紹介します。

タプルの概念と書式

◉タプルの書式

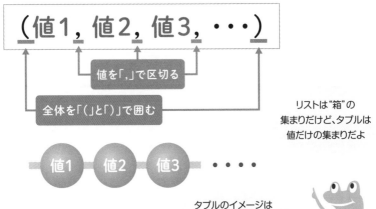

（値1，値2，値3，・・・）

値を「,」で区切る

全体を「(」と「)」で囲む

リストは"箱"の
集まりだけど、タプルは
値だけの集まりだよ

値1　値2　値3　・・・・

タプルのイメージは
こんな感じかな。お団子
みたいに、複数の値を
まとめて扱えるよ

◉タプルを変数に入れる書式

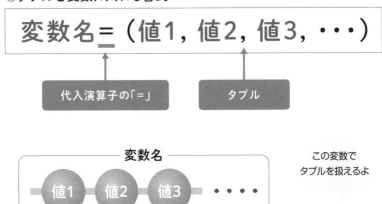

変数名＝（値1，値2，値3，・・・）

代入演算子の「＝」　　　　　タプル

変数名

値1　値2　値3　・・・・

この変数で
タプルを扱えるよ

タプルを変数に格納して使ってみよう

 幅と高さのタプルを変数に入れる

　本節では、タプルを変数に格納して処理に用いる具体例を、サンプル1を用いて解説します。前節で述べたとおり、サンプル1でタプルが登場するのは、リサイズ処理を行うthumbnailメソッドの引数でした。「(MAX_W, MAX_H)」がタプルに該当します。

```
img.thumbnail((MAX_W, MAX_H))
```

　ここで、このタプルを変数に格納して使うよう、コードを追加・変更してみましょう。変数名は何でもよいのですが、今回は「MAX_W_H」とします。この変数MAX_W_Hにタプル「(MAX_W, MAX_H)」を格納するコードは以下です。

```
MAX_W_H = (MAX_W, MAX_H)
```

　代入の＝演算子を使い、タプルを丸ごと変数に代入するかたちのコードになります。そして、thumbnailメソッドで今まで「(MAX_W, MAX_H)」を記述していた箇所を、このタプルMAX_W_Hで置き換えます。すると、コードは以下のようになります。

img.thumbnail(MAX_W_H)

　thumbnailメソッドの引数に指定していた「(MAX_W, MAX_H)」を変数MAX_W_Hで丸ごと置き換えることになります。今までは、thumbnailメソッドの引数にタプルを「(幅, 高さ)」のかたちで直接指定していため、カッコが入れ子になっていましたが、その状態が変数MAX_W_Hを使うことで解消され、コードがよりシンプルに見やすくなりました。

タプルを変数MAX_W_Hに入れて、thumbnailメソッドの引数に指定

「(幅,高さ)」のタプルを変数にMAX_W_H に格納

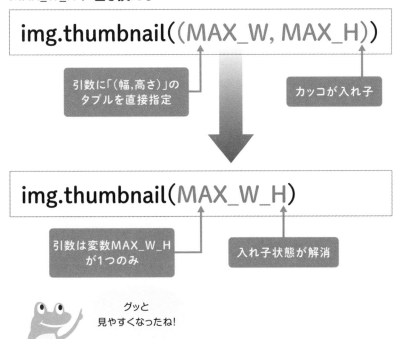

MAX_W_H に置き換える

グッと
見やすくなったね！

では、以上を踏まえ、お手元のコードを追加・変更してください。

追加・変更前

```
import os
from PIL import Image

DIR_PHOTO = 'photo'
MAX_FSIZE = 204800
MAX_W = 500
MAX_H = 400

fnames = os.listdir(DIR_PHOTO)

for fname in fnames:
    fpath = os.path.join(DIR_PHOTO, fname)

    if os.path.getsize(fpath) >= MAX_FSIZE:
        img = Image.open(fpath)
        img.thumbnail((MAX_W, MAX_H))
        img.save(fpath)
```

追加・変更後

```
import os
from PIL import Image

DIR_PHOTO = 'photo'
MAX_FSIZE = 204800
MAX_W = 500
```

```
MAX_H = 400
MAX_W_H = (MAX_W, MAX_H)

fnames = os.listdir(DIR_PHOTO)

for fname in fnames:
    fpath = os.path.join(DIR_PHOTO, fname)

    if os.path.getsize(fpath) >= MAX_FSIZE:
        img = Image.open(fpath)
        img.thumbnail(MAX_W_H)
        img.save(fpath)
```

　コードの追加・変更を終えたら、動作確認してください。実行前には、photoフォルダーの中身が元の状態に戻してあるか確かめてください。実行すると、これまでと同じ結果が得られることを確認できます。

　コード「MAX_W_H = (MAX_W, MAX_H)」の挿入位置は、もしforブロックの中に記述してしまうと、繰り返しの度に、変数MAX_W_Hにタプルを格納する処理が実行され、非効率的な処理になってしまうので注意しましょう。

引数や戻り値がタプルの関数やメソッド

　本節ではタプルを利用して、サンプル1のコードをカイゼンしました。今回のタプルMAX_W_Hは要素が2つだけなので、シンプル化のメリットがいまひとつ感じられませんが、多くの値をまとめて扱えるほど、そのメリットは大きくなります。

また、Chapter04-04（P95）では、thumbnailメソッドの書式を「Imageオブジェクト.thumbnail((幅, 高さ))」と解説しましたが、タプルを踏まえてこの書式を表すと以下になります。

Imageオブジェクト.thumbnail(幅と高さのタプル)

引数はカッコが入れ子になるのではなく、「幅と高さのタプル」を1つのみ指定するかたちになります。これが本来の書式と言えます。Pythonではthumbnailメソッドのように、引数をタプルで指定するよう決められているメソッドや関数が多々あります。他にも、戻り値がタプルの形式になっているメソッドや関数も多々あります。

タプルとリストって 何が違うの？

 タプルもリストみたいに要素を取得できる

　本章ではタプルを学びましたが、リストと概念や書式は似ています。変数に格納して使えることも同じです。さらにはタプルもリストと同じく、インデックスを使って「タプル名［インデックス］」という書式で個々の要素を取得したり、for文と組み合わせて、要素を先頭から順に取得したりできます。

　たとえば、要素が4つの文字列「りんご」「みかん」「バナナ」「メロン」のタプルを変数tplに格納したとします。そして、先頭の要素をインデックスで取り出し、print関数で出力するコードは以下になります。タプルtplの先頭要素は「tpl[0]」で取得できます。

```
tpl = ('りんご', 'みかん', 'バナナ', 'メロン')
print(tpl[0])
```

　実行結果は以下の画面の通りです。インデックスの値を変えれば、他の要素を取得・出力できます。読者のみなさんも余裕があれば、お手元のJupyter Notebookにて新規セルを追加し、上記コードを入力・実行するとよいでしょう。

タプルtplの先頭の要素を取得・出力

```
In [7]:    1  tpl = ('りんご','みかん','バナナ','メロン')
           2  print(tpl[0])
```
りんご

　また、タプルtplの要素をfor文で先頭から順に取得・出力する例の
コードおよび実行結果は以下です。for文の変数は「i」としています。

```
tpl = ('りんご','みかん','バナナ','メロン')

for i in tpl:
    print(i)
```

タプルtplの要素をfor文で順に取得・出力

```
In [8]:    1  tpl = ('りんご','みかん','バナナ','メロン')
           2
           3  for i in tpl:
           4      print(i)
```
りんご
みかん
バナナ
メロン

大きな違いは要素を変更できるかどうか

　このようにタプルとリストは似ていますが、決定的な違いがあり
ます。それは要素の値を変更できるかどうかです。リストはできま
すが、タプルはできません。

　具体的なコードを示しながら解説しましょう。Chapter06-08
（P172）で体験に用いたリストaryを再び使います。要素は文字列「ア
ジ」、「サンマ」、「サバ」、「タイ」の4つでした。

```
ary = ['アジ','サンマ','サバ','タイ']
```

　このリストaryの先頭の要素を「イワシ」に変更したのち、リストaryを出力するとします。リストの要素の値を変更するには、その要素をインデックスで取得し、=演算子によって変更したい値を代入します。

書式

リスト名［インデックス］=値

　上記書式に従うと、リストaryの先頭の要素を「イワシ」に変更するコードは以下とわかります。

```
ary[0] = 'イワシ'
```

　以上を踏まえると、リストaryを用意し、先頭の要素を「イワシ」に変更したのち、出力するコードは以下になります。

```
ary = ['アジ','サンマ','サバ','タイ']
ary[0] = 'イワシ'
print(ary)
```

　実行結果は次の画面の通りです。先頭の要素が「イワシ」に変更されたことが確認できます。

リストaryの先頭の要素の値を変更

```
In [9]:  1  ary = ['アジ', 'サンマ', 'サバ', 'タイ']
         2  ary[0] = 'イワシ'
         3  print(ary)

['イワシ', 'サンマ', 'サバ', 'タイ']
```

一方、タプルはこのように要素を変更できません。たとえば、先ほどのタプルtplの先頭の要素を「いちご」に変更しようと、「tpl[0] = 'いちご'」というコードを下記のように追加して実行したとします。

```
tpl = ('りんご','みかん','バナナ','メロン')
tpl[0] = 'いちご'
```

　すると、次の画面のようにエラーになってしまいます。

タプルは要素の値を変更できない

```
In [10]:    1  tpl = ('りんご', 'みかん', 'バナナ', 'メロン')
            2  tpl[0] = 'いちご'
         ---------------------------------------------------------------
         TypeError                           Traceback (most recent call last)
         <ipython-input-10-3b198115289c> in <module>
               1 tpl = ('りんご', 'みかん', 'バナナ', 'メロン')
         ----> 2 tpl[0] = 'いちご'

         TypeError: 'tuple' object does not support item assignment
```

　このようにタプルは要素の値を変更できません。これがリストとの決定的な違いです。さらにリストは要素の追加や削除ができますが、タプルはできません。

```
リスト  →  要素の変更・追加・削除ができる
タプル  →  要素の変更・追加・削除ができない
```

　この違いを踏まえ、タプルとリストを適宜使い分けましょう。たとえば、途中で値を変更されては困るデータを複数まとめて扱いたいならタプルを使うなどです。もちろん、利用するメソッドや関数が引数や戻り値に、リストもしくはタプルを使うよう決められているなら、それに従います。

Chapter 08

指定した回数だけfor文で繰り返すには？

range関数で回数を指定する

　本書ではここまでに、for文のinの後ろにはリストもしくはタプルを指定してきました。実は他にも指定できます。ザックリ言えば、データの"集まり"なら、さまざまなものを指定できます。書式のイメージは以下になります。

書式

```
for 変数 in 集まり:
    処理
```

　for文による繰り返しでよく使われるのが、「指定した回数だけ繰り返す」いう処理です。たとえば、「5回繰り返す」などです。その場合、inの後ろの"集まり"には、「range」という関数を使って回数を指定します。range関数の基本的な書式は以下です。

書式

```
range(回数)
```

　引数に目的の回数を数値として指定します。そして、この「range(回数)」をfor文のinの後ろに指定します。

for 変数 in range(回数):

　処理

　たとえば、文字列「こんにちは」を5回繰り返し出力したいとします。そのコードは以下です。変数は「i」としています。

```
for i in range(5):
  print('こんにちは')
```

　実行結果は以下の画面です。このように文字列「こんにちは」が5回出力されます。

range関数を使い、5回繰り返す例

```
In [14]:  1  for i in range(5):
          2      print('こんにちは')
```
```
こんにちは
こんにちは
こんにちは
こんにちは
こんにちは
```

　さて、ここまでfor文のinの後に"集まり"を指定すると解説してきましたが、range関数は"集まり"と言われてもピンと来ないでしょう。実は厳密には"集まり"になりますが、初心者の間はあまり深く考えず、「繰り返したい回数をrange関数の引数に指定し、for文のinの後に書けばOK」と捉えれば問題ありません。

変数には連番が自動で格納されていく

　for文でrange関数を使い回数を指定した場合、for文の変数には繰り返しの度に、連番が自動で格納されていきます。たとえば先ほどの例ではrange関数を「range(5)」を記述しました。この場合、繰り返しの度に0から4までの数値が変数に格納されていきます。そのことを確かめるために、次のコードのようにfor以下のブロックにて、変数iを出力してみましょう。

```
for i in range(5):
    print(i)
```

　実行結果は以下です。0、1、2、3、4という数値が繰り返しの度に出力されました。

0から4の数値が順に出力された

　ちょうど繰り返しの回数と同じである計5つの数値が変数に格納されます。その数値は0から始まり、繰り返しの度に1ずつ自動的に増えます。それが指定した回数ぶん繰り返されます。たとえば、5回繰り返すなら、0から始まり、繰り返しの度に1、2、3と増えていき、最後は4になります。結果的に、最後の数値は「繰り返しの回数 - 1」になります。

range関数とfor文の変数の関係

inの後ろにrange関数

引数に回数を指定

for i in range(5):

1回目 2回目 3回目 4回目 5回目

0 +1 **1** +1 **2** +1 **3** +1 **4**

繰り返しの度に
変数に格納

0から開始

繰り返しの度に1ずつ増える

そして、この変数に順に格納される数値は、for以下のブロックの処理に利用できます。

range関数は他にも省略可能な引数があり、0以外から開始したり、繰り返しの度に増える数を1以外に設定したりできます。本書では詳しい解説は割愛しますので、興味あれば他の書籍やWebサイトなどで調べるとよいでしょう。

＼Column／

画像のパスの文字列はもっと前の段階でまとめてもOK？

本章にて変数fpathにまとめたコード「os.path.join('photo', fname)」はそもそも、処理対象の画像のパスの文字列を生成する処理でした。サンプル1はChapter04から段階的に作成してきましたが、ここでChapter05終了時点でのコードを思い出してください。以下に再度提示します。

Chapter 05終了時点でのコード

```python
import os
from PIL import Image

if os.path.getsize('photo¥¥002.jpg') >= 204800:
    img = Image.open('photo¥¥002.jpg')
    img.thumbnail((500, 400))
    img.save('photo¥¥002.jpg')
```

　この時点における処理対象の画像のパスの文字列は「'photo¥¥002.jpg'」というコードで指定されています。この時点では単一の画像ファイルのみを処理対象としていたので、このようなパスを指定していました。

　Chapter05終了時点でのコードを改めて見直すと、このパスの文字列「photo¥¥002.jpg」（「'photo¥¥002.jpg'」という記述）が3箇所に重複しているとわかります。ちょうど本章で重複を解消したコード「os.path.join('photo', fname)」と同じ箇所に該当します。

　本書では、このパスの文字列のコードの重複はChapter08で解消しましたが、このChapter05の時点で解消しても、もちろん構いません。その場合、解消するための考え方や方法は本章で学んだものと同じになります。

　たとえば、変数名をfpathとしたら、まずは文字列「photo¥¥002.jpg」を格納します。そして、文字列「photo¥¥002.jpg」が記述されていた3箇所をすべて変数fpathに置き換えます。変数fpath格納するコードの挿入位置は本章で学んだとおり、変数fpathで置き換える最初の箇所よりも前です。置き換える最初の箇所はif文の条件式になるので、if文の前に挿入する必要があります。以下に具体的なコードを提示しておきますので、どうまとめたかを確認してください。

```
import os
from PIL import Image

fpath = 'photo¥¥002.jpg' ――――― ここでまとめる

        変数 fpath に置き換え

if os.path.getsize(fpath) >= 204800:
    img = Image.open(fpath) ――― 変数 fpath に置き換え
    img.thumbnail((500, 400))
    img.save(fpath) ――― 変数 fpath に置き換え
```

　もし、上記のようにChapter05の時点で、処理対象の画像のパスの文字列を変数でまとめたとしたら、以降は基本的にChapter06と同じ流れに従い、for文によって複数の画像をリサイズするようコードを発展させていきます。

　その際、処理対象の画像のパスの文字列がすでにまとめられているので、for文やos.path.join関数を使う際も、よりスッキリわかりやすい状態でコードを追加・変更していけるでしょう。本書ではわかりやすさを優先したため、あえて重複の解消は最後に着手しましたが、本コラムのように、なるべく早い段階で解消することをオススメします。

＼Column／

もうひとつの繰り返し　while文

　Pythonの繰り返しの文にはforに加え、「while」という文もあります。指定した条件が成立（True）している間だけ繰り返す文です。書式は以下です。

書式

```
while 条件式:
    処理
```

　whileの後ろに条件式を指定します。while以下はインデントして、繰り返したい処理を記述します。これで、条件式がTrueの間、ブロック以下の処理が繰り返されます。条件式がFalseになれば、繰り返しを終了します。

　たとえば、次のようなコードを書いたとします。

```
boo = 0

while(boo < 10):
    print(boo)
    boo += 2
```

　最初、変数booに0を代入しておきます。while文の条件式には「boo < 10」を指定しており、変数booが10より小さい間だけ繰り返します。while以下のブロックでは、変数booをまずprint関数で出力した後、「boo += 2」によって値を2増やします。「+=」は右辺に指定した値を増やす演算子です。

　実行すると以下のような結果になります。

while文による繰り返しの例

```
In [2]:    1  boo = 0
           2
           3  while(boo < 10):
           4      print(boo)
           5      boo += 2

           0
           2
           4
           6
           8
```

　繰り返しの1回目では、変数booの値は0であり、条件式「boo < 10」はTrueになるので、出力した後に2増やして2になります。繰り返しの2回目では、変数booの値は2なので条件式はTrueになり、出力した後に2増やして4になります。このように繰り返していくと、5回目が終わった段階で変数booの値は10になり、条件式がFalseになるので、繰り返しを終えます。

for文との使い分けは、forは "集まり" の要素数やrange関数など、繰り返したい回数が明確にわかる際に利用します。一方、while文は繰り返したい回数はわからないが、条件が成立している間だけ繰り返したい場合に利用します。

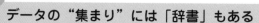
\Column/

データの "集まり" には「辞書」もある

　本書ではデータの "集まり" として、ここまでにリストとタプルが登場しました。他に知っておきたい "集まり" に「辞書」があります。インデックスを数値ではなく、文字列で指定するタイプの "集まり" になります。辞書の場合、インデックスではなく「キー」になります。書式は以下です。

書式

> {キー1:値1, キー2:値2, ……}

　全体を「{」と「}」で囲みます。そして、キーと値を「:」で結んでペアとし、そのセットをカンマ区切りで必要な数だけ並べます。キーは必ず文字列で指定します。値は文字列や数値も含め、さまざまなデータが指定できます。
　そして、リストなどと同じく変数に代入して使うことができます。変数名（辞書名）を使って以下の書式で記述すれば、指定したキーとペアの値を取り出すことができます。

書式

> 辞書名[キー]

　たとえば、以下のようなキーと値を備えた「member」という名前の辞書を用意するとします。

キー	値
name	立山秀利
age	50
address	東京都江東区東陽2-4-2

　なおかつ、辞書memberもそれぞれの要素の値を取り出してprint関数で出力するとします。そのコードが以下です。

```
member = {
    'name' : '立山秀利',
    'age' : 50,
    'address' : '東京都江東区東陽2-4-2'
}

print(member['name'])
print(member['age'])
print(member['address'])
```

　辞書memberを用意するコードでは、キーはすべて文字列として指定します。各要素は改行して記述しています。Pythonではこのように、「{}」の中では途中で改行可能です。「[]」や「()」も同様です。そして、「辞書名［キー］」の書式で記述することで、各要素の値を取り出しています。実行すると次のページのような結果になります。

辞書からキーで値を取得・出力

```
In [5]:    1    member = {
           2        'name' : '立山秀利',
           3        'age' : 50,
           4        'address' : '東京都江東区東陽2-4-2'
           5    }
           6
           7    print(member['name'])
           8    print(member['age'])
           9    print(member['address'])
```

```
立山秀利
50
東京都江東区東陽2-4-2
```

　他にもfor文と組み合わせて、キーのみ／値のみ／キーと値を順に取り出すなど、さまざまな処理が可能です。

　リストは同じ種類のデータをまとめて扱いたい場合に便利ですが、辞書は異なる種類のデータをまとめて扱いたい場合に重宝します。まさに先ほどの例のように、ある人の名前や年齢や住所など、異なる種類のデータをまとめて扱うなどです。

　その際、キーの名前をどのような種類のデータなのかひと目でわかるように付けるのがコツです。すると、その辞書から目的のデータの値を取得するには、どのようなキーを指定すればよいかすぐわかります。リストのように連番だと、どの要素に何のデータが入っているのかわかりづらいですが、辞書なキーの名前からすぐにわかるのが利点です。

ちょっとした顔認識の
プログラムを作ろう

シンプルな顔認識のプログラムにチャレンジ！

 ライブラリを使えばAIもカンタン

Chapter01-01でも触れたように、現在、AI開発の主流となるプログラミング言語はほぼ、Python一択です。AI用のさまざまなライブラリが豊富に揃うなど、開発環境は多言語に比べて圧倒的に充実しています。

そのようなライブラリのなかには、高度なAI向けのみならず、初心者がちょっとしたAIを簡単に作るのに適したライブラリもいくつかあります。そこで本章では、AIの典型的な活用例のひとつとして、簡易的な顔認識のプログラムを新たに作ってみましょう。

サンプル名は「サンプル2」とします。機能は右ページの図のとおりとします。指定した写真にて、認識した顔に赤色の枠線（以下、赤枠）を引き、別名で同じ場所に保存するというシンプルなプログラムです。誌面では写真ではなく、イラストを用います。本書ダウンロードファイルに含まているので、読者のみなさんも誌面通りに試せます。写真の顔でもちゃんと顔認識ができるので、お手持ちの写真でもチャレンジしてみましょう。

このコードは次節以降で解説しますが、実質8行で済みます。簡易的とはいえ、顔認識がこんなカンタンに作れるのも、Pythonの大きな魅力でしょう。

「サンプル2」の機能

【場所】photoフォルダー

【画像ファイル】003.jpg

実行

【保存ファイル】003_face.jpg

【機能】別名で同じ場所に保存

【機能】顔を自動で
認識して赤枠を引く

ここではイラストを
使うけど、写真でも
バッチリ認識できるよ！

　このサンプル2は前作『図解！　Pythonのツボとコツがゼッタイにわかる本 "超"入門編』のP316にて、概要のみ簡単に紹介したプログラムと同じになります。

顔認識のプログラムを作る準備をしよう

定番ライブラリ「OpenCV」をインストール

　サンプル2の作成をさっそく始めたいところですが、コードを書く前に本節にて、いくつか準備を行う必要があります。

　まずは必要なライブラリのインストールです。今回用いるライブラリは「OpenCV」(https://opencv.org/) とします。顔認識を簡単なコードで行えるライブラリです。加えて、顔認識以外にも、多彩な画像加工をはじめ、実に多くの機能が充実しています。もちろん、他のライブラリと同様にオープンソースで提供されているので、誰でも無料で利用できます。

　OpenCVはAnacondaに最初から入っていないので、ユーザーが追加でインストールしなければなりません。では、その手順を以下のとおり解説します。

● 1.「Anaconda Prompt」を起動

　OpenCVのインストールは「Anaconda Prompt」で行います。Anaconda付属ツールの一種です。起動するには、［スタート］メニューから、［Anaconda 3］→［Anaconda Prompt］をクリックしてください。

● 2. Anaconda Promptの画面

Anaconda Promptの画面が開きます。Jupyter Notebookとは別の
ウィンドウになり、コマンドプロンプトのような黒い画面になりま
す。「>」の後ろにカーソルが点滅し、コマンドが入力できます。以
下のOpenCVのインストールコマンドを入力し、Enter キーを押し
てください。

```
pip install opencv-python Enter
```

OpenCVのインストールコマンドを実行

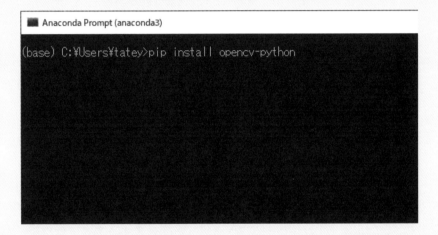

すると、OpenCVのダウンロードおよびインストールが始まるの
で、しばらく待ちます。その経過はAnaconda Prompt上に、メッ
セージおよび進捗のバーで逐一表示されます。

無事インストールが完了すると、最後に「Successfully installed
opencv-python 〜」というメッセージが表示され、再び「>」の後ろに
カーソルが点滅した状態になります。

OpenCVを無事インストールできたかどうか、念のため、Jupyter
Notebookに切り替え、新しいセルにモジュールをインポートする

コード「import cv2」を実行して確認してみましょう。OpenCVのモジュール名は「cv2」になります。インポートに成功していると、何も表示されません。逆に失敗していると、エラーが表示されます。その際はインストール手順を見直してください。

注意！

　OpenCVは自身のバージョンなどが変わると、本節の手順でインストールできなくなる可能性があります。もしそうなったら、本書のサポートWebページ（P2参照）にて、替わりの手順を解説します。もし、読者のみなさんが本節の手順でインストールに失敗したら、本書のサポートWebページをご覧ください。

　なお、Anacondaではライブラリのインストールには通常、「conda」というコマンドを使うのですが、OpenCVでは失敗するケースがあるので（本書執筆時点）、本書では「pip」というコマンドを使うとします。

"顔認識用のファイル"をコピー

　OpenCVで顔認識を行うには、"顔認識用のファイル"を使うよう決められています。そのファイルの正体の詳しい解説は割愛しますが、顔の認識に必要な特徴をデータ化したもの、というイメージです。専門用語で「カスケードファイル」と呼びます。本書では以降、解説にこの用語を用いるとします。

　カスケードファイルはOpenCVをインストールすると、自動でパソコンの中に保存されるので、わざわざ別途ダウンロードをするなどして入手する必要はありません。

　後ほどChapter09-04にて具体的なコードを解説しますが、カスケードファイルの名前をコードに記述する必要があります。その際、パスの記述を不要とし、ファイル名だけで済むようにして、記述を少しでもラクにするため、ここでカスケードファイルをカレント

ディレクトリ（Chapter01-03参照）にコピーしましょう。

　では、コピーに取り掛かりましょう。カスケードファイルの具体的なファイル名は以下です。拡張子からわかるように、XML形式のファイルになります。

```
haarcascade_frontalface_default.xml
```

このカスケードファイルが保存されている場所は以下です。

```
C:¥Users¥<ユーザー名>¥anaconda3¥Lib¥site-packages¥cv2¥data
```

　上記の場所は環境などによって異なる場合もあります。そこで、コピーする際は、Windowsのファイル検索機能（Windows 10なら［スタート］メニュー右隣りの検索ボックス）を使って、カスケードファイルの保存場所を開くのが得策です。カスケードファイルを見つけたら、カレントディレクトリを開き、コピーしてください。

haarcascade_frontalface_default.xmlをコピー

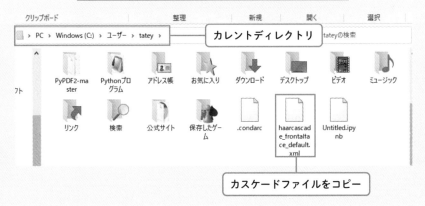

顔認識に使う写真を用意

　顔認識に用いる画像ファイル（JPEG形式）を用意します。本書ダウンロードファイル（P2）に含まれているJPEGファイル「003.jpg」をphotoフォルダーにコピーしてください。イラストの画像ですが、顔認識できます。

003.jpgをphotoフォルダーにコピー

　サンプル2を作る準備は以上です。いずれも不備があると、うまく動かなくなるので、今いちど確認しておくとよいでしょう。

　なお、OpenCVのカスケードファイルは複数種類用意されており、今回使うhaarcascade_frontalface_default.xmlは、正面を向いた顔の認識用です。他に目の認識用などもあります。

OpenCVで顔を認識する大まかな流れ

 OpenCVの顔認識は4つの処理で

　OpenCVによる顔認識の処理手順は、大まかには下記の【STEP1】〜【STEP4】になります。各STEPでそれぞれの処理を行うための関数などがOpenCVに用意されています。

　【STEP1】〜【STEP3】は準備的な処理です。詳細や具体例は次節以降で解説しますが、【STEP1】に登場する「認識器」は、あまり厳密に定義や意味をわかっていなくても、顔認識のプログラムは作成できるので安心してください。

　【STEP2】で開いた画像を、【STEP3】でグレースケールに変換します。【STEP2】はカラーで開くのですが、OpenCVはカラーのままだとうまく認識できないケースがあります。よりうまく認識できるようグレースケールに変換する必要があります。

　【STEP4】で実際に顔認識を行います。その結果として、認識した顔の場所と大きさが数値で得られます。

顔認識の4つの処理手順

【STEP1】「認識器」を用意

【STEP2】目的の画像を開く

【STEP3】画像をグレースケールに変換

【STEP4】顔を認識

認識した顔の場所と大きさを出力してみよう

 顔認識の【STEP1】はこの関数で

前節では、OpenCVによる顔認識の処理の大まかな流れは【STEP1】〜【STEP4】と学びました。サンプル2の作成の前に、本節からChapter09-08にかけて体験してみましょう。003.jpgを使い、認識した顔の場所と大きさの数値を出力するとします。赤枠は引きません。この体験プログラムはサンプル2のベースになります。

それでは、【STEP1】から順に解説します。【STEP1】の「認識器」はプログラムのうえでは、認識処理用のオブジェクトになります（何となくの理解でOKです）。最初に認識器のオブジェクトを生成し、以降はそれを使って顔認識を行います。生成は「cv2.CascadeClassifier」という関数で行います。書式は以下です。

書式

> **cv2.CascadeClassifier(カスケードファイル名)**

引数には、カスケードファイルの名前を文字列として指定します。カレントディレクトリ直下にないのなら、パスを付けます。前々節では、haarcascade_frontalface_default.xmlはカレントディレクトリに置いたのでした。したがって、ファイル名のみを引数に指定し、

「cv2.CascadeClassifier('haarcascade_frontalface_default.xml')」と記述すればOKです。

　cv2.CascadeClassifier関数は、生成した認識器のオブジェクトを返します。それを変数に格納し、以降の処理に用いるのがセオリーです。変数名は今回「cascade」とします。以上を踏まえると、【STEP1】のコードは以下とわかります。

```
cascade = cv2.CascadeClassifier('haarcascade_frontalface_default.xml')
```

長い関数名は補完機能で入力

　では、【STEP1】のコードを新しいセルに記述しましょう。cv2モジュールの関数を使うので、まずはインポートするコード「importt cv2」を記述してください。その下に空の行を入れるとします。

　続けて、先ほど考えた【STEP1】のコードを記述しましょう。関数名は長いので、Jupyter Notebookの補完機能を使うと、効率的に入力でき、スペルミスも防げます。「cv2.Cas」など関数名の途中まで入力したら、Tabキーを押してください。その語句で始まる関数の候補が表示されるので、目的の関数名を選択し、Enterキーを押します。すると、関数名が自動で補完されて入力されます。

目的の関数名を途中まで入力し、候補からを選ぶ

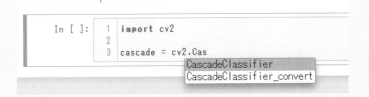

　動作確認は【STEP4】でまとめて行います。目に見える実行結果が得られないからです。

OpenCVで画像を開く処理を作ろう

 cv2.imread関数で画像を開く

次は【STEP2】の「目的の画像を開く」の処理です。OpenCVで画像を開くには「cv2.imread」という関数を用います。

書式

> cv2.imread(画像ファイル名)

引数には、目的の画像ファイル名を指定します。003.jpgはphotoフォルダーに置いたので、パスを付ける必要があります。

cv2.imread関数は開いた画像のオブジェクトを返します。それを変数に格納し、以降の処理に用いるのがセオリーです。変数名は今回、「img」とします。以上を踏まえると、【STEP2】のコードは「img = cv2.imread('photo¥¥003.jpg')」となります。では、【STEP1】のコードの下に追加してください。

```
import cv2

cascade = cv2.CascadeClassifier('haarcascade_frontalface_default.xml')
img = cv2.imread('photo¥¥003.jpg')
```

グレースケールに変換する処理を作ろう

画像の変換はcv2.cvtColor関数で

次に、【STEP3】の「画像をグレースケールに変換」の処理です。グレースケール変換はOpenCVの「cv2.cvtColor」関数で行います。

```
cv2.cvtColor(画像, 変換方式)
```

第1引数「画像」には、目的の画像のオブジェクトを指定します。ここでは【STEP2】の変数imgを指定します。第2引数「変換方式」は、グレースケールに変換するには「cv2.COLOR_BGR2GRAY」を指定します。同関数は変換した画像のオブジェクトを返すので、変数に格納して使います。変数名は今回、「gray」とします。すると、【STEP3】のコードは「gray = cv2.cvtColor(img, cv2.COLOR_BGR2GRAY)」となります。では、追加してください。

```
import cv2

cascade = cv2.CascadeClassifier('haarcascade_frontalface_default.xml')
img = cv2.imread('photo¥¥003.jpg')
gray = cv2.cvtColor(img, cv2.COLOR_BGR2GRAY)
```

顔認識を実行して結果を出力

 detectMultiScaleメソッドで顔認識

続けて、【STEP4】の「顔を認識」のコードです。認識器のオブジェクトの「detectMultiScale」というメソッドを用います。

> 認識器のオブジェクト.detectMultiScale（画像, scaleFactor=値）

認識器のオブジェクトは【STEP1】で変数cascadeに格納したのでした。引数「画像」には、目的の画像のオブジェクトを指定します。今回は【STEP3】の変数grayを指定します。

引数「scaleFactor」はより正確に認識できるよう調節するための引数であり、適切な数値を指定します。今回の003.jpgでは1.1を指定するとします。引数の並びの関係で、引数名ありで記述する必要があります（専門用語で「キーワード引数」と呼びます）。同引数についてはChapter09-14で改めて簡単に解説します。

detectMultiScaleメソッドは、認識した顔の場所と大きさの数値を返します（詳細は次節で解説します）。通常は変数に格納して以降の処理に用います。変数名は今回「faces」とします。すると、【STEP4】のコードは次のようになります。

```
faces .= .cascade.detectMultiScale(gray, .scaleFactor=1.1)
```

　それでは、上記の【STEP4】のコードを追加してください。メ
ソッド名の入力は Tab キーによる補完機能を利用するとよいでしょ
う。さらに体験として、変数facesをprint関数で出力するコード
「print(faces)」も最後に追加してください。

```
import cv2

cascade = cv2.CascadeClassifier('haarcascade_frontalface_default.xml')
img = cv2.imread('photo¥¥003.jpg')
gray = cv2.cvtColor(img, cv2.COLOR_BGR2GRAY)
faces = cascade.detectMultiScale(gray, scaleFactor=1.1)
print(faces)
```

　実行すると、このように出力されます。認識した顔の場所と大き
さの数値になります（数値自体はお手元の結果と微妙に異なるかもし
れませんが、同じ形式なら問題ありません。次節以降もそのまま学
習を続けてください）。具体的な意味は次節で解説します。

003.jpgから認識した顔の数値

```
In [2]:   1  import cv2
          2
          3  cascade = cv2.CascadeClassifier('haarcascade_frontalface_default.xml')
          4  img = cv2.imread('photo¥¥003.jpg')
          5  gray = cv2.cvtColor(img, cv2.COLOR_BGR2GRAY)
          6  faces = cascade.detectMultiScale(gray, scaleFactor=1.1)
          7  print(faces)

[[504 117 148 148]
 [ 66 112 180 180]
 [300 160 147 147]]
```

認識した顔のデータの意味と扱い方

 顔のデータはこの形式で得られる

前節では最後に、変数facesの値をprint関数で出力しました。その数値は、認識した顔の場所と大きさの数値（以下、顔のデータ）でした。その形式は以下の図のとおりです。

変数facesの出力結果の形式

全体が「[」と「]」で囲まれている

```
[[504 117 148 148]
 [ 66 112 180 180]
 [300 160 147 147]]
```

[X座標 Y座標 幅 高さ]

[X座標 Y座標 幅 高さ]

[X座標 Y座標 幅 高さ]

[4つの数値]が
3行並ぶ。
1行が1人ぶん
の顔データ

X座標、Y座標、幅、高さの数値
が半角スペース区切りで並ぶ

　全体が「[」と「]」で囲まれています。その中には、さらに「[」と「]」で囲まれた4つの数値が3行にわたってあります。このように大まかには、「[」と「]」が入れ子の形式であり、内側に該当する「[4つの数値]」が、認識した1つ1つの顔のデータになります。003.jpgは3人写っているので、3つの顔が認識された結果、「[4つの数値]」が3行あります。

　「[4つの数値]」の部分では、4つの数値が半角スペースで区切られています。4つの数値は前から順に、顔のX座標、Y座標、幅、高さです。つまり、「[4つの数値]」は「[X座標 Y座標 幅 高さ]」の形式になります。顔の長方形の領域として認識され、X座標とY座標はその左上の座標になります。画像の左上を原点(0, 0)とする座標であり、単位はピクセルです。

　X座標とY座標が顔の場所を表し、幅と高さが顔の大きさを表します。たとえば、1人目の顔（出力結果の1行目）なら、「[504 117 148 148]」ですが、場所はX座標が504、Y座標が117であり、大きさは幅が148、高さが148とわかります。

　detectMultiScaleメソッドは認識した顔をこのような形式のデータで返します。リストに似ていますが、要素がカンマ区切りでないなど、微妙に異なります。詳細の解説は割愛しますが、"リストの親戚"のようなものという認識でOKです。このあと実際に体験していただきますが、まさにリストと同じように扱えます。

1人ぶんの顔のデータを取り出してみよう

　"リストの親戚"もリストと同様にインデックスが使えます。何はともあれ、とりあえず試してみましょう。前節では変数facesを丸ごとprint関数で出力しましたが、次のようにインデックスの0を追加してください。

```
print(faces[0])
```

実行すると、「[504 117 148 148]」と出力されます。

変数facesのインデックス0の要素を出力

```
In [3]:  1  import cv2
         2
         3  cascade = cv2.CascadeClassifier('haarcascade_frontalface_default.xml')
         4  img = cv2.imread('photo¥¥003.jpg')
         5  gray = cv2.cvtColor(img, cv2.COLOR_BGR2GRAY)
         6  faces = cascade.detectMultiScale(gray, scaleFactor=1.1)
         7  print(faces[0])

[504 117 148 148]
```

　この出力結果は「[X座標 Y座標 幅 高さ]」の形式になっています。
おのおのの数値を見ると、前節で出力した結果の1行目——1人目の
顔のデータと全く同じであるとわかります。

　このようにインデックスの0を指定することで、"リストの親戚"の
先頭の要素を取得できるのです。余裕があれば、インデックスを1や
2に変更し、2人目や3人目の顔のデータも取得・出力してみましょう。

 ## 入れ子の内側の要素を取り出す

　先ほど出力した変数facesの先頭の要素は「[X座標 Y座標 幅 高
さ]」の形式です。この形式もリストのように扱えます。4つの数値
は要素であり、通常のリストは要素を「,」で区切りますが、半角ス
ペースで区切られているのが大きな違いです。こういった違いはあ
りますが、リストと同じく、インデックスを使えば個々の要素を取
り出せます。

　少々ややこしいのですが、変数facesは入れ子の構造になっていま
す。入れ子の外側では、個々の要素は「[X座標 Y座標 幅 高さ]」で
あり、改行で区切られています。入れ子の内側では、個々の要素はX

座標などの4つの数値であり、半角スペースで区切られています。このように要素の区切りが外側では改行、内側では半角スペースであり、両者で違うことが少々わかりづらいかもしれません。

　このような入れ子になった"リストの親戚"から、内側の要素を個々に取り出すには、まずは目的の外側の要素をインデックスで取り出します。次に、その外側の要素に対して、さらにインデックスを使って内側の要素を取り出します。そのコードは下図のように、外側と内側の要素のインデックスを前後に並べて記述するかたちになります。

入れ子の内側の要素を取り出す

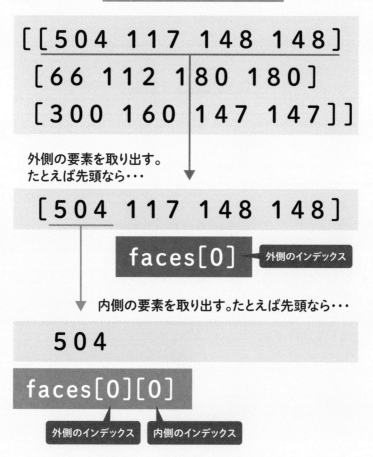

この仕組みは解説を読んでいるだけでは理解しづらいので、体験してみましょう。ここでは、変数facesの外側の先頭の要素から、その内側の先頭の要素を取り出して出力するとします。

　変数facesの外側の先頭の要素は先ほど解説したとおり、「faces[0]」で取り出せるのでした。その外側の要素の中から、さらに内側の先頭の要素を取り出すには、さらにインデックスの0を加えます。結果として、インデックスの0を並べて「faces[0][0]」と記述することになります。では、お手元のコードのprint関数を次のように変更してください。

```
print(faces[0][0])
```

　実行すると、数値の504が出力されます。

数値の504が出力された

```
In [4]:   1  import cv2
          2
          3  cascade = cv2.CascadeClassifier('haarcascade_frontalface_default.xml')
          4  img = cv2.imread('photo¥¥003.jpg')
          5  gray = cv2.cvtColor(img, cv2.COLOR_BGR2GRAY)
          6  faces = cascade.detectMultiScale(gray, scaleFactor=1.1)
          7  print(faces[0][0])

504
```

　この数値は、先ほど「faces[0]」を出力した結果「[504 117 148 148]」と見比べてみると、「[X座標 Y座標 幅 高さ]」のX座標の数値になります。つまり、「[504 117 148 148]」の先頭要素になります。言い換えると、facesの外側の先頭要素における内側の先頭要素になります。

　このようにインデックスを並べて記述することで、入れ子になった"リストの親戚"の指定した外側の要素から、指定した内側の要素を個々に取り出すことができるのです。

内側の要素をすべて出力しよう

　続けて、入れ子の内側の要素をすべて取得・出力してみましょう。先頭要素に加え、2〜4番目の要素も出力します。

　内側の2番目以降の要素は、前後に並べて記述している後のインデックスを1以降に変更すれば得られます。たとえば内側の2番目の要素なら「faces[0][1]」になります。インデックスは0から始まるので、2番目の要素なら1を指定します。

　では、以下のようにコードを追加してください。

```
print(faces[0][0], faces[0][1], faces[0][2], faces[0][3])
```

　print関数を4つ記述してもよいのですが、このように1つのprint関数の引数に、4つの値を「,」(カンマ)で並べて指定すると、各値が半角スペース区切りで同じ行に出力されます。

　実行すると、このように4つの数値が出力されます。これらの数値は、先ほど「print(faces[0])」で出力した結果と見比べてみると、外側の先頭要素(「faces[0]」)における4つの要素(X座標、Y座標、幅、高さ)であることが確認できます。

「faces[0]」の内側の4つの要素が出力された

```
In [7]:  1  import cv2
         2
         3  cascade = cv2.CascadeClassifier('haarcascade_frontalface_default.xml')
         4  img = cv2.imread('photo¥¥003.jpg')
         5  gray = cv2.cvtColor(img, cv2.COLOR_BGR2GRAY)
         6  faces = cascade.detectMultiScale(gray, scaleFactor=1.1)
         7  print(faces[0][0], faces[0][1], faces[0][2], faces[0][3])

504 117 148 148
```

　余裕があれば、外側の2番目と3番目の要素についても、同様に内側の4つの要素を取得・出力してみるとよいでしょう。

print関数のちょっとしたワザ

　ここでprint関数の小ワザを紹介します。facesの外側の要素は「[X座標 Y座標 幅 高さ]」の形式でした。一方、先ほど「print(faces[0][0], faces[0][1], faces[0][2], faces[0][3])」のコードにて、内側の4つの要素を個々に取得・出力した結果と見比べると、ともに4つの数値が半角スペース区切りで並んだかたちであり、見た目が同じです。それゆえ、4つの要素を個々に取得・出力しているのか、少々わかりづらいと言えます。

　そこで、見え方を変えてやりましょう。出力の際、半角スペース区切りではなく、「 / 」で区切るとします。半角スペースと半角スラッシュと半角スペースを組み合わせた3文字になります。

　その方法ですが、print関数は省略可能な引数に「sep」があり、出力時の区切り文字を自由に指定できます。既定値は半角スペースであり、今までは省略してきたため、半角スペース区切りで出力されていたのでした。「 / 」で区切るには、引数sepに文字列「 / 」を指定すればよいことになります。

　では、以下のように引数sepを追加してください。引数sepは必ず引数名あり（キーワード引数）で記述します。

```
print(faces[0][0], faces[0][1], faces[0][2], faces[0][3], sep=' / ')
```

　実行すると、4つの数値が「 / 」で区切られて出力されます。

引数sepによって「／」区切りで出力

```
In [8]:   1  import cv2
          2
          3  cascade = cv2.CascadeClassifier('haarcascade_frontalface_default.xml')
          4  img = cv2.imread('photo¥¥003.jpg')
          5  gray = cv2.cvtColor(img, cv2.COLOR_BGR2GRAY)
          6  faces = cascade.detectMultiScale(gray, scaleFactor=1.1)
          7  print(faces[0][0], faces[0][1], faces[0][2], faces[0][3], sep=' / ')
```
504 / 117 / 148 / 148

　このようにprint関数の引数sepは、複数の値の出力結果をより見やすくするのに便利な仕組みです。もちろん、「／」で区切るのが見づらければ、好きな文字列に変更してもOKです。

　Chapter09-03で提示した【STEP1】～【STEP4】の体験は以上です。次節から、このプログラムを元に発展させることで、サンプル2を作成していきます。

1人の顔に赤枠を引き、別名で保存する処理を作ろう

 cv2.rectangle関数で赤枠を引く

　前節までに、OpenCVで顔認識を行い、認識したそれぞれの顔のデータ（X座標、Y座標、幅、高さの数値）をインデックスによって個々に取得する方法まで学びました。

　本節からサンプル2の作成を始めます。まずは本節にて、前節までに作成したプログラムを元に、1人の顔について、赤枠を引く処理を作成します。あわせて、赤枠を引いた画像を別名で保存する処理も作成します。次節以降で、認識したすべての顔に対して赤枠を引くようプログラムを発展させることで、サンプル2を段階的に完成させます。ちょうどChapter03-04で登場した【切り口2】「"複数→単一"で段階分け」になります。前節までは、【切り口1】「一連の処理で段階分け」に該当します。サンプル2では条件に応じた処理は登場しないので、【切り口3】は用いません。

　まずは画像に赤枠を引く方法を解説します。OpenCVのcv2.rectangle関数を使います。書式は以下です。

書式

> **cv2.rectangle（画像, 左上座標, 右下座標, 色）**

　第1引数には、対象となる画像のオブジェクトを指定します。枠線の場所と大きさは、矩形（長方形）の左上と右下の座標で指定します。

左上の座標が第2引数、右下の座標が第3引数であり、それぞれX座標とY座標の数値のタプルで指定します。

　第4引数には、枠線の色を指定します。色の3原色であるRGB（赤緑青）を「(B, G, R)」というタプルの形式で指定します。それぞれ0〜255の数値で指定します。

　注意が必要なのが色の並び順です。通常はR、G、Bの順（赤、緑、青）ですが、OpenCVではB、G、Rという通常とは逆の並び（青、緑、赤）となります。たとえば赤なら、B値とG値が0、R値が255となるよう、「(0, 0, 255)」と指定します。

cv2.rectangle関数の機能と各引数

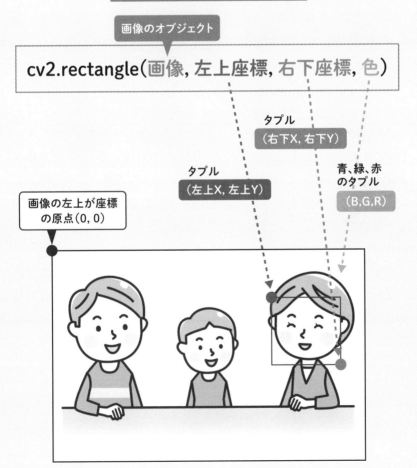

画像のオブジェクト

cv2.rectangle(画像, 左上座標, 右下座標, 色)

タプル
（右下X, 右下Y）

タプル
（左上X, 左上Y）

青、緑、赤
のタプル
（B,G,R）

画像の左上が座標
の原点(0, 0)

試しに任意の位置・大きさで赤枠を引いてみよう

　ここで、cv2.rectangle関数の簡単な体験をしてみましょう。サンプル2は本来、認識した顔の位置と大きさに応じて赤枠を引くのですが、ここでは以下の任意の位置と大きさとします。

・左上座標　X：100　　Y：200
・右下座標　X：150　　Y：300

　そして、赤枠を引いた画像を同じ場所（photoフォルダー）に「003_face.jpg」という別名で保存するとします。

　それでは、この体験のコードはどのように記述すればよいか、順に解説してきます。まずは赤枠を引く処理のコードです。

　cv2.rectangle関数の第1引数の画像には、003.jpgのオブジェクトが格納されている変数imgを指定します。カラーの写真の上に赤枠を引きたいので、グレースケール変換後の変数grayではなく、元の画像のオブジェクトが入っている変数imgを指定します。

　第2引数には左上座標として、「(100, 200)」というタプルを指定すればよいことになります。同様に、第3引数の右下座標には、「(150, 300)」というタプルを指定します。第4引数の色には、赤色を表すタプル「(0, 0, 255)」を指定します。B（青）、G（緑）、R（赤）のRだけに255を指定しています。

　以上を踏まえると、cv2.rectangle関数を次のように記述すればよいとわかります（実際の記述は次ページで行います）。第2〜4引数はタプルで指定しているため、カッコが入れ子になっている点を意識しましょう。

```
cv2.rectangle(img, (100, 200), (150, 300), (0, 0, 255))
```

別名で保存はcv2.imwrite関数で

次に、画像を別名で保存する方法を解説します。別名で保存は「cv2.imwrite」という関数で行います。書式は以下です。

```
cv2.imwrite（ファイル名，画像）
```

第1引数には、保存したいファイル名を文字列として指定します。パスも適宜指定します。既存のファイルと同じ名前を指定すれば、上書き保存されます。今回はChapter09-01（P306）で機能を紹介したとおり、同じphotoフォルダー上に「003_face.jpg」という名前で保存したいのでした。したがって、第1引数には文字列「photo¥¥003_face.jpg」を指定します。同じ名前のファイルは同フォルダーにはないので上書き保存ではなく、別名で保存されることになります。

第2引数には、保存したい画像のオブジェクトを指定します。今回は変数imgを指定すればよいことになります。以上を踏まえると、別名で保存するコードは以下になります。

```
cv2.imwrite('photo¥¥003_face.jpg', img)
```

 ## 赤枠を引き、別名で保存を体験

cv2.rectangle関数とcv2.imwrite関数のコードがわかったところで、さっそく記述しましょう。その際、前節にて顔のデータを取得・出力したprint関数のコードは削除するとします。では、以下のように削除と追加をしてください。その際、コード全体がより見やすくなるよう、空の行を挿入するとします。

```
import cv2

cascade = cv2.CascadeClassifier('haarcascade_frontalface_default.xml')
img = cv2.imread('photo¥¥003.jpg')
gray = cv2.cvtColor(img, cv2.COLOR_BGR2GRAY)
faces = cascade.detectMultiScale(gray, scaleFactor=1.1)


cv2.rectangle(img, (100, 200), (150, 300), (0, 0, 255))
cv2.imwrite('photo¥¥003_face.jpg', img)
```

　削除・追加できたら実行してください。photoフォルダーを開くと、
003_face.jpgが新たに保存されていることがわかります。

003_face.jpgが新たに保存された

003_face.jpg

　003_face.jpgをダブルクリックすると、既定のビューワーアプリ
（Windows 10なら「フォト」）で画像が表示されます。左側の男性の
上に赤枠が引かれているのが確認できます。

指定した位置・大きさで赤枠が引かれた

　cv2.rectangle関数の第2〜4引数に指定した左上座標と右上座標、色で赤枠が引かれています。

　なお、実行すると、Jupyter Notebookのセルには「True」と出力されます。これは最後の実行されたcv2.imwrite関数の戻り値が出力された結果であり、特に問題はありません。

認識した1人目の顔に赤枠を引こう

 1人目の顔の場所・大きさで座標を指定

　前節では、cv2.rectangle関数の体験として、003.jpgの任意の領域——左上が(100, 200)、右上が(150, 300)に赤枠を引きました。さらに003_face.jpgという別名で保存しました。

　本節では、認識した1つの顔に赤枠を引いてみましょう。前々節までに003.jpgの顔認識を行い、計3人ぶんの顔が認識されたのでした。その顔のデータは変数facesに、"リストの親戚"の形式で格納されているのでした。ここではその3人のなかで、1人目の顔に赤枠を引くとします。1人目の顔のデータは前々節で学んだように、入れ子の構造のfacesにおいて、外側の先頭の要素であり、インデックスの0で取得できるのでした。

　それでは、1人目の顔に赤枠を引くには、どのようなコードを記述すればよいのか、考えていきましょう。前節で体験したとおり、cv2.rectangle関数によって枠線を引く領域は、第2引数に左上の座標、第3引数に右上の座標をタプル形式で指定すればよいのでした。一方、認識した1人ぶんの顔のデータは「[X座標 Y座標 幅 高さ]」という形式でした。

　cv2.rectangle関数の第2引数である左上の座標には、顔のデータのX座標とY座標が左上の座標に該当するので、その数値をそのまま指定できます。もちろん、タプル形式で指定します。

　cv2.rectangle関数の第3引数である右下の座標には、顔のデータの幅と高さをそのまま指定しては、座標ではないので、おかしくなってしまいます。そこで、右下の座標はＸ座標とＹ座標、幅と高さの組み合わせから求めます。下図のように、右下のＸ座標は、左上のＸ座標に幅を足せば求められます。同様に右下のＹ座標は、左上のＹ座標に高さを足せば求められます。

左上ＸＹ座標と幅、高さから右下ＸＹ座標を求める

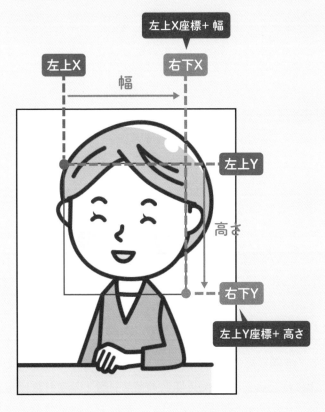

　前々節で学んだように、認識した1人目の顔のデータは「faces[0]」と記述すれば、「[Ｘ座標 Ｙ座標 幅 高さ]」の形式で得られ

るのでした。さらにその中から、X座標など各要素を取り出すには、次のようにインデックスを並べて記述すればよいのでした。

X座標　faces[0][0]
Y座標　faces[0][1]
幅　　　faces[0][2]
高さ　　faces[0][3]

　このX座標とY座標は顔の左上の座標でした。そして、右下の座標は以下で求められるとわかります。足し算を行う+演算子を用います。

右下のX座標　→　左上のX座標 + 幅
　　　　　　　→　faces[0][0] + faces[0][2]

右下のY座標　→　左上のY座標 + 高さ
　　　　　　　→　faces[0][1] + faces[0][3]

　P281のコラムでも簡単に紹介しましたが、Pythonには足し算の+など、計算に用いることができる演算子が何種類か用意されています。

X/Y座標、幅、高さは変数に入れて指定

　これで、認識した1人目の顔の左上の座標と右下の座標がわかりました。これらをcv2.rectangle関数の第2引数と第3引数に指定するのですが、cv2.rectangle関数の引数にそのまま記述すると、コードが長くなって見づらくなってしまいます。
　そこで、X座標とY座標、幅、高さはそれぞれ変数に格納して使うとします。変数名は何でもよいのですが、今回は以下とします。

X座標	x
Y座標	y
幅	w
高さ	h

　これら4つの変数に、X座標とY座標、幅、高さをそれぞれ代入するコードは以下になります。

```
x = faces[0][0]
y = faces[0][1]
w = faces[0][2]
h = faces[0][3]
```

　実はこの4行のコードはもっと効率よい書き方があり、同じ処理を1行のコードで済ませることができるのですが、次節で改めて解説しますので、本節ではひとまず上記のままとします。

　これら4つの変数x、y、w、hを使うと、cv2.rectangle関数の第2引数である左上のX座標には、そのまま変数xと変数yをタプル形式で、「(x, y)」と指定すればOKです。

　第3引数はどう指定すればよいでしょうか？　右下のX座標は、左上のX座標（変数x）に幅（変数w）を足した「x + w」で求められます。右下のY座標は、左上のY座標（変数y）に高さ（変数h）を足した「y + h」で求められます。

右下のX座標	→	x + w
右下のY座標	→	y + h

　この右下の座標を、「(右下X座標, 右下Y座標)」というタプルの形式で指定します。したがって、「(x + w, y + h)」と指定すればよい

ことになります。

　第1引数には前節と同じく変数img、第4引数には赤色を表す「（0, 0, 255）」を指定します。以上を踏まえると、cv2.rectangle関数は次のように記述すればよいとわかります。

```
cv2.rectangle(img, (x, y), (x + w, y + h), (0, 0, 255))
```

　これで、認識した1人目の顔に赤枠を引くコードがわかりました。お手元のコードを次のように追加・変更してください。前節の体験のコードに対して、変数x、y、w、hにX座標、Y座標、幅、高さをそれぞれ代入する4行のコードを追加します。そして、cv2.rectangle関数の第2引数と第3引数を上記のように変更することになります。

追加・変更前

```
import cv2

cascade = cv2.CascadeClassifier('haarcascade_frontalface_default.xml')
img = cv2.imread('photo¥¥003.jpg')
gray = cv2.cvtColor(img, cv2.COLOR_BGR2GRAY)
faces = cascade.detectMultiScale(gray, scaleFactor=1.1)

cv2.rectangle(img, (100, 200), (150, 300), (0, 0, 255))
cv2.imwrite('photo¥¥003_face.jpg', img)
```

追加・変更後

```
import cv2

cascade = cv2.CascadeClassifier('haarcascade_frontalface_default.xml')
```

```
img = cv2.imread('photo¥¥003.jpg')
gray = cv2.cvtColor(img, cv2.COLOR_BGR2GRAY)
faces = cascade.detectMultiScale(gray, scaleFactor=1.1)

x = faces[0][0]
y = faces[0][1]
w = faces[0][2]
h = faces[0][3]
cv2.rectangle(img, (x, y), (x + w, y + h), (0, 0, 255))
cv2.imwrite('photo¥¥003_face.jpg', img)
```

　追加・変更できたら動作確認しましょう。実行後にphotoフォルダーの003_face.jpgをビューワーアプリで開くと、このように顔に赤枠が引かれたことが確認できます。

1人の顔の赤枠が引かれた

本書で例に用いている003.jpgの場合、右側の女性の顔に赤枠が引かれました。この人物の顔が認識した1人目の顔になります。

　なお、前節の体験ではcv2.imwrite関数による別名で保存によって、003_face.jpgが新たなファイルとして保存されましたが、本節にて同じ名前で再び別名で保存を実行すると、その003_face.jpgが上書きされて保存されることになります。

　余裕があれば、変数x、y、w、hに代入するコードそれぞれで、「faces[0][0]」の前（入れ子の外側）のインデックスを1に変更して「faces[1][0]」のように変更するなど、2人目と3人目の顔にも赤枠を引いてみるとよいでしょう。

リストのベンリな小ワザ　その2

　リストは組み込み関数のlen関数を使うと、要素数が数値として得られます。引数にリスト名を指定します。たとえば次の画面のように、要素数が5つのリストaryがあり、len関数の引数に指定する、5が返されます。

リストの要素をlen関数で取得する例

```
In [10]:   1  ary = ['アジ', 'サンマ', 'サバ', 'タイ', 'イワシ']
           2  print(len(ary))

           5
```

　また、実はリストはオブジェクトとして扱われ、リストを操作するためのメソッドがいくつか用意されています。たとえば、要素を追加するappendメソッドです。

　appendメソッドの簡単な例を紹介します。先ほど登場したリストaryは要素数が5つなので、もし「ary[5] = 'ブリ'」などと、6番目の要素に値を操作しようとするとエラーになります。要素数は5つなので、6番目の要素は存在しないからです。

そこで、appendメソッドを使って、要素を追加してやります。基本的な書式は以下です。

書式

> リスト名.append(値)

リスト名につけて、メソッド名である「append」を記述します。引数には追加したい値を指定します。これで、そのリストの末尾に要素が追加され、引数に指定した値がその要素の値として格納されます。

たとえば、先ほどのコードなら、「ary.append('ブリ')」と記述すれば、以下の画面のように6番目の要素が追加され、値として文字列「ブリ」が格納されます。最後にリストaryをprint関数で出力しています。

リストaryに要素を末尾に追加した例

```
In [3]:  1  ary = ['アジ', 'サンマ', 'サバ', 'タイ', 'イワシ']
         2  ary.append('ブリ')
         3  print(ary)

['アジ', 'サンマ', 'サバ', 'タイ', 'イワシ', 'ブリ']
```

末尾ではなく、先頭または途中に要素を追加したければ、insertメソッドを使います。その例が以下の画面です。第1引数には、挿入位置をインデックスで指定します。今回は3番目の位置に挿入したいとして、第1引数に2を指定しています。第2引数には、挿入したい値を指定します。

リストaryに要素を3番目に追加した例

```
In [7]:  1  ary = ['アジ', 'サンマ', 'サバ', 'タイ', 'イワシ']
         2  ary.insert(2, 'ブリ')
         3  print(ary)

['アジ', 'サンマ', 'ブリ', 'サバ', 'タイ', 'イワシ']
```

リストは他にも要素の削除、並び替えなどのメソッドが用意されています。さらには「リスト内包表記」という仕組みもあります。Pythonらしい便利な仕組みですが、少々難しいこともあり、本書では解説を割愛します。興味あれば、他の書籍やWebなどで調べてみましょう。

X座標などを変数に代入するコードを1行で済ます

 複数の変数に要素を一気に代入

　前節では、認識した1人目の顔のデータである「faces[0]」から、X座標、Y座標、幅、高さの値を変数x、y、w、hに格納しました。その処理では、X座標なら「x = faces[0][0]」など、インデックスを使って各要素を取り出し、それぞれ代入するコードを4行記述しました。これら4行のコードは目的の結果が得られ、決して誤りではないのですが、1行にまとめて、もっとシンプルに書くこともできます。

　リストやタプルなどの各要素は、複数の変数にまとめて代入することが1行のコードでできます。書式は以下です。

 書式

変数1, 変数2, 変数3…… = リストなど

　代入演算子の「=」を挟み、左辺には必要な変数をカンマ区切りで並べて記述します。「=」の右辺にはリストなど、データの"集まり"を記述します。リストの場合、目的のリストが変数に代入してあるなら、そのリスト名（変数名）を記述します。実行すると、左辺に記述した各変数に、右辺に記述したリストなどの各要素が先頭から順に格納されます。

複数の変数にリストなどの要素をまとめて代入

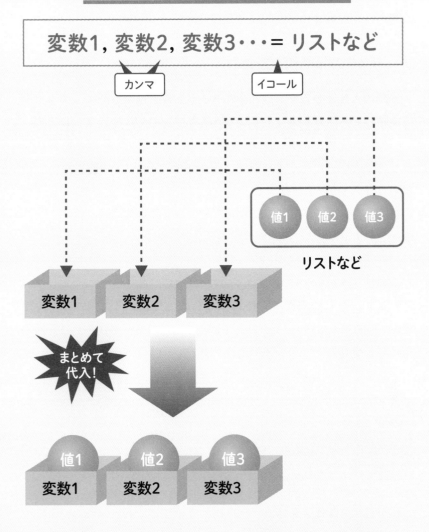

このような仕組みは「アンパック」や「分割代入」などと呼ばれます。本書では、「分割代入」と呼ぶとします。この分割代入を使って、サンプル2のコードを書き換えます。

分割代入で注意が必要なのが、「=」の左辺と右辺で要素数が異なるとエラーになることです。たとえば、左辺に4つの変数を記述した

ら、右辺のリストなどは必ず要素数が4のものを記述しなければなりません。このように要素数は必ず一致させてください。

リストの分割代入を体験

　分割代入を使ってサンプル2のコードを書き換える前に、簡単な例で体験しておきましょう。サンプル2とは別のセルで行うとします。
　「アジ」、「サンマ」、「サバ」、「タイ」の4つの文字列を要素とするリスト「ary」があるとします。Chapter06-06以上で例に用いたのと同じリストaryになります。

```
ary = ['アジ', 'サンマ', 'サバ', 'タイ']
```

　このリストaryの4つの要素を4つの変数a、b、c、dに代入したいとします。もし分割代入を使わなければ、たとえば先頭の要素を変数aに格納するなら「a = ary[0]」など、代入のコードが4つの要素ぶん必要となります。

```
a = ary[0]
b = ary[1]
c = ary[2]
d = ary[3]
```

　しかし、分割代入を使い、以下のように記述すれば、たった1行で済みます。先ほどの書式に従い、「=」の左辺には変数a、b、c、dをカンマ区切りで並べて記述し、右辺にはリストaryを記述します。

```
a, b, c, d = ary
```

　実際にJupyter Notebookで試してみましょう。以下のコードをサンプル2とは別のセルに入力してください。

```
ary = ['アジ','サンマ','サバ','タイ']
a, b, c, d = ary
print(a, b, c, d)
```

　ちゃんと代入されたか確認するため、4つの変数をprint関数で同じ行に出力する処理も加えています。実行すると、このように4つの変数の値が半角スペース区切りで出力されます。

変数a、b、c、dの値が出力された

```
In [47]:  1 ary = ['アジ', 'サンマ', 'サバ', 'タイ']
          2 a, b, c, d = ary
          3 print(a, b, c, d)
アジ サンマ サバ タイ
```

　コード「a, b, c, d = ary」によって、リストaryの要素が先頭から順に、変数a～dに代入されことが確認できました。

顔のデータを分割代入してみよう

　もう少し体験を続けましょう。今度は4つの変数a～dに代入するのを、サンプル2の変数facesの先頭要素（「faces[0]」）に変更してみます。Jupyter Notebookでは同じノートブックなら、一度使った変数は別のセルでも使うことができます。なお、もし前節終了時点でJupyter Notebookを一度終了していたら、サンプル2のコードを事前に実行しておいてください。

　では、体験のセルのコードを次のように変更してください。リス

トaryを用意するコードを削除し、分割代入のコードの右辺を「ary」
から「faces[0]」に変更することになります。

```
a, b, c, d = faces[0]
print(a, b, c, d)
```

実行すると、「faces[0]」の4つの要素であるX座標、Y座標、幅、
高さの数値が半角スペース区切りで同じ行に出力されます。

「faces[0]」の4つの要素が出力された

```
In [3]:    1  a, b, c, d = faces[0]
           2  print(a, b, c, d)

504 117 148 148
```

コード「a, b, c, d = faces[0]」によって、faces[0]の4つの要素が
先頭から順に、変数a〜dに代入されことが確認できました。このよ
うに分割代入は"リストの親戚"でも使うことができます。このあと
すぐサンプル2で実際に使います。

分割代入は他にも、右辺にはリストのみならず、タプルなども指
定できます。加えて、右辺にも複数の変数をカンマ区切りで並べて
記述するパターンもあります。本書では解説は割愛しますが、興味
があれば自分で調べて試すとよいでしょう。

 ## 分割代入でサンプル2を書き換えよう

分割代入の体験は以上です。それでは、サンプル2のコードを分割
代入で書き換えてみましょう。

今までは、認識した顔のX座標、Y座標、幅、高さを変数x、y、

w、hに格納するのに、それぞれ代入するコードを4行記述していました。たとえば、認識した3人目の顔のX座標を変数xに代入する処理なら、「x = faces[0][0]」と記述していました。このようなコードを4行並べて記述していました。それらの処理を分割代入で記述すれば、以下の1行のコードで済みます。

```
x, y, w, h = faces[0]
```

認識した顔のデータは"リストの親戚"であり、1人目なら「faces[0]」で取り出せるのでした。その中身は「[X座標 Y座標 幅 高さ]」という4つの数値を要素とする形式でした。上記コードによって、この4つの要素を分割代入で変数x、y、w、hに一気に代入できます。

では、サンプル2のコードを次のように変更してください。

変更前

```
      :
      :
x = faces[0][0]
y = faces[0][1]
w = faces[0][2]
h = faces[0][3]
cv2.rectangle(img, (x, y), (x + w, y + h), (0, 0, 255))
cv2.imwrite('photo¥¥003_face.jpg', img)
```

変更後

```
      :
      :
```

```
x, y, w, h = faces[0]
cv2.rectangle(img, (x, y), (x + w, y + h), (0, 0, 255))
cv2.imwrite('photo¥¥003_face.jpg', img)
```

　変更できたら、動作確認してみましょう。ここでは機能は一切変えず、分割代入でコードを書き換えただけなので、前節の最後と同じ結果が得られるはずです。003_face.jpgをビューワーアプリで開き、本当に同じ結果かどうか確認しましょう。

コード書き換え前と同じ結果か確認

　分割代入で書き換えた結果、4行記述していた代入のコードが1行で済むようになりました。コードがスッキリと見やすく、わかりやすくなりました。

　加えて、前節では赤枠を引く対象を1人目の顔から2人目や3人目の顔に変える際、facesの前（入れ子の外側）のインデックスは4行のコードのそれぞれにあったため、4箇所書き換えなければなりませんでした。本節で分割代入によって書き換えた結果、facesのインデックスは1行のコードだけにあるようになったため、書き換えるのは1箇所で済むようになりました。

　余裕があれば、「x, y, w, h = faces[0]」のインデックスの値を1や2に変更し、2人目や3人目の顔にもちゃんと赤枠が引かれるか確認しておくとよいでしょう。

　なお、本節ではリストや"リストの親戚"での分割代入が登場しましたが、他にタプルなどのデータの"集まり"でも可能です。

認識した全員の顔に赤枠を引くには

 for文で個々の顔のデータを取り出す

サンプル2の作成もいよいよクライマックスです。前節までに、003.jpgに写っている顔を認識し、その中の1人の顔について、赤枠を引き、003_face.jpgという別名で保存する処理まで作成できました。本節では、1人だけでなく、全員の顔に赤枠を引くようプログラムを発展させます。この機能を作成できれば、サンプル2は完成です。

サンプル2はこれまで何度も述べてきたように、OpenCVのdetectMultiScaleメソッドによって003.jpgから認識した顔のデータが、変数facesに格納してあるのでした。変数facesの中身はここまでに学んだように"リストの親戚"の形式であり、インデックスを使って個々の顔のデータを取り出せたのでした。

本節では、全員の顔のデータを取り出し、それぞれ赤枠を引くようにします。その処理はインデックスを用いても作れないことはないのですが、for文による繰り返しを用いた方がはるかに効率よく作ることができます。

for文はChapter07で学んだように、リストと組み合わせると、リストの個々の要素を先頭から順に取り出すのでした。その要素はfor文のinの前に指定した変数に、繰り返しの度に格納されるのでした。

こういったfor文との組み合わせは、リストだけでなく、"リスト

の親戚"でも可能です。繰り返しの度に、要素を先頭から順に変数に取り出すことができます。この仕組みを使い、変数facesの格納されている全員（3人）の顔のデータを順に取り出し、赤枠を引くようにすれば、目的の処理を作ることができるでしょう。

for文を使い、3人の顔のデータを順に取り出す

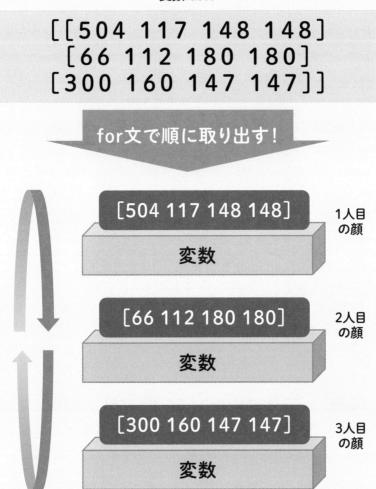

変数faces

[[504 117 148 148]
[66 112 180 180]
[300 160 147 147]]

for文で順に取り出す！

[504 117 148 148]　1人目の顔
変数

[66 112 180 180]　2人目の顔
変数

[300 160 147 147]　3人目の顔
変数

個々の顔のデータを取得・出力しよう

さっそくサンプル2のコードをそのようにfor文を使って追加・変更していきたいところですが、少々フクザツな処理なので、初心者がいきなり取り組むと混乱するかもしれません。

そこで、先に体験として、変数facesから個々の顔のデータを取り出し、print関数で出力してみましょう。この体験のコードは前節同様に、サンプル2とは別のセルに別途記述して実行するとします。この体験を踏まえ、次節以降でサンプル2のコードの追加・変更を進めていき完成させます。

それでは、体験を始めましょう。まずは変数facesの外側の要素をfor文で順に取り出し、丸ごとprint関数で出力してみましょう。for文の変数は何でもよいのですが、「face」とします。最後に複数形の「s」が付かない変数名になります。

Chapter07で学んだfor文の書式に従い、変数にはfaceを指定します。inの後ろには"リストの親戚"である変数facesを指定します。これで、繰り返しの度に、変数facesの外側の要素が先頭から順に変数faceに取り出されます。for以下のブロックには、この変数faceを丸ごと出力するために、print関数の引数にそのまま指定します。

以上を踏まえると、体験のコードは以下になります。

```
for face in faces:
    print(face)
```

上記のコードを新しいセルに入力してください。実行すると、このように出力されます。

facesの外側の要素がfor文で順に出力された

```
In [13]:    1  for face in faces:
            2      print(face)

[504 117 148 148]
[ 66 112 180 180]
[300 160 147 147]
```

　変数facesは「[」と「]」が入れ子の形式になっており、外側の「[」
と「]」中には、認識した顔のデータが人数ぶん格納されているのでし
た。その内側の要素である個々の顔のデータは、「[X座標 Y座標 幅
高さ]」の形式でした。

　先ほどの体験のコードの実行結果を見ると、個々の顔のデータであ
る「[X座標 Y座標 幅 高さ]」が人数ぶん、3行にわたって出力された
ことが確認できます。本書の例の003.jpgには3人写っているので、
「[X座標 Y座標 幅 高さ]」が3つ出力されました。なお、出力結果が
改行されているのは、print関数によるものです。

X座標などを変数に代入して出力

　体験の次は、変数faceに取り出した個々の顔のデータを、変数x、
y、w、hにそれぞれ代入して出力してみましょう。前節までと同じ
く、1行にまとめて「 / 」(半角スペースと「/」と半角スペース)区切
りで出力するとします。

　変数faceには、「[X座標 Y座標 幅 高さ]」のデータが格納される
のでした。これら4つの要素を変数x、y、w、hにそれぞれ代入す
るコードは、前節で学んだように分割代入を利用し、「x, y, w, h =
face」と記述するのが得策です。

　以上を踏まえ、先ほどの体験のコードを次のように追加・変更し
てください。

```
for face in faces:
    x, y, w, h = face
    print(x, y, w, h, sep=' / ')
```

　追加・変更できたら実行してください。すると、このようにX座標とY座標、幅、高さが「/」区切りで1行に収められたかたちで、それが人数ぶん出力されます。

分割代入で4つの変数に格納して出力

```
In [14]:   1  for face in faces:
           2      x, y, w, h = face
           3      print(x, y, w, h, sep=' / ')

504 / 117 / 148 / 148
66 / 112 / 180 / 180
300 / 160 / 147 / 147
```

for文は分割代入で要素を取り出すことも

　実は上記の体験のコードはもっとシンプルに記述することができます。先ほどは個々の顔のデータを変数faceに取り出してから、変数x、y、w、hに分割代入して格納しました。この変数faceは使わなくとも、変数x、y、w、hに個々の顔のデータをfor文にて直接格納することができます。

　具体的なコードの書き方は、forの変数にfaceではなく、変数x、y、w、hをカンマ区切りで並べて直接指定します。そして、これら4つの変数をカッコで囲います。これで、繰り返しの度に、変数facesの個々の要素から、変数x、y、w、hにX座標、Y座標、幅、高さがそれぞれ直接格納されます。

　実際に試してみましょう。体験のコードを次のように変更・削除してください。forの後ろを「(x, y, w, h)」に変更し、かつ、変数face

を分割代入するコードをすべて削除することになります。

変更・削除前

```
for face in faces:
    x, y, w, h = face
    print(x, y, w, h, sep=' / ')
```

変更・削除後

```
for (x, y, w, h) in faces:
    print(x, y, w, h, sep=' / ')
```

　変数faceを使って分割代入を行う必要がなくなり、よりシンプルなコードになりました。実行すると、先ほどと同じ結果が得られます。

変数faceを使ったコードと同じ結果

```
In [15]:   1  for (x, y, w, h) in faces:
           2      print(x, y, w, h, sep=' / ')

504 / 117 / 148 / 148
66 / 112 / 180 / 180
300 / 160 / 147 / 147
```

　なお、forの後ろの「(x, y, w, h)」のカッコはなしでも構いません。「for x, y, w, h in faces:」と記述しても、同じ実行結果が得られます。本書では、格納先の変数がコードのどこからどこまでかをよりわかりやすくするなどの理由で、カッコありで記述するとします。

サンプルで全員の顔に赤枠を引こう

 for文を追加し赤枠を繰り返し引く

　本節では前節の体験を踏まえ、サンプル2のコードを発展させて、認識した全員の顔に赤枠を引く機能を作成します。

　cv2.rectangle関数では赤枠を引く場所と大きさを、第2引数に左上の座標、右下の座標として指定する必要があるのでした。前節では、X座標、Y座標、幅、高さが格納された変数x、y、w、hを使い、左上の座標と右下座標を指定しました。

　前節は1人ぶんの顔に赤枠を引きましたが、この変数x、y、w、hに全員ぶんの顔のX座標、Y座標、幅、高さを繰り返しの度に順に格納できれば、全員ぶんの顔に赤枠を引けるようになるでしょう。

　変数x、y、w、hに全員ぶんの顔のX座標、Y座標、幅、高さを順に格納する方法は先ほどの体験で学んだように、for文を使って「for (x, y, w, h) in faces:」と記述すればよいのでした。あとは繰り返す度にcv2.rectangle関数を実行できるよう、同関数をfor以下のブロックに移動すれば、全員ぶんの顔に赤枠を引けるようになります。

　以上を踏まえ、サンプル2のコードを以下のように変更してください。分割代入の「x, y, w, h = faces[0]」を削除し、替わりにfor文を「for (x, y, w, h) in faces:」と記述します。そして、cv2.rectangle関数を一段インデントして、for以下のブロックに移動します。

　あわせて、その下のcv2.imwrite関数のコードとの間は、for文との区切りがよりわかるよう、空の行を入れるとします。なお、誤ってこのコードまでインデントしてしまわないよう注意してください。

変更前

```
import cv2

cascade = cv2.CascadeClassifier('haarcascade_frontalface_default.xml')
img = cv2.imread('photo¥¥003.jpg')
gray = cv2.cvtColor(img, cv2.COLOR_BGR2GRAY)
faces = cascade.detectMultiScale(gray, scaleFactor=1.5)

x, y, w, h = faces[0]
cv2.rectangle(img, (x, y), (x + w, y + h), (0, 0, 255))
cv2.imwrite('photo¥¥003_face.jpg', img)
```

変更後

```
import cv2

cascade = cv2.CascadeClassifier('haarcascade_frontalface_default.xml')
img = cv2.imread('photo¥¥003.jpg')
gray = cv2.cvtColor(img, cv2.COLOR_BGR2GRAY)
faces = cascade.detectMultiScale(gray, scaleFactor=1.5)

for (x, y, w, h) in faces:
    cv2.rectangle(img, (x, y), (x + w, y + h), (0, 0, 255))

cv2.imwrite('photo¥¥003_face.jpg', img)
```

　　一段インデント

変更できたら、動作確認しましょう。実行したのち、photoフォルダーの003_face.jpgをビューワーアプリで開いてください。すると、このように全員の顔に赤枠が引かれたことが確認できます。

3人の顔に赤枠が引かれた

 本来はカイゼンの余地はあるが……

これでサンプル2は完成です。必要な機能はすべて実装しました。なおかつ、Chapter08で学んだようなコードの重複は特に見当たりません。

一方、cv2.imread関数の引数に指定しているファイル名、detectMultiScaleメソッドの引数scaleFactorに指定している値など、文字列や数値を直接記述している箇所がいくつか残っています。

これらには改善の余地が残っていますが、今回はこれで完成とします。余裕があれば、Chapter08で学んだとおり、変数で置き換えるとよいでしょう。

　また、ここで改めて注目してほしいのが、コードの分量です。空の行を除くと、ほんの8行しかありません。しかも、モジュールのインポートや画像を開く、赤い枠線を引く、別名で保存するといった処理のコードもすべて込みです。

　そのなかで、顔認識自体の処理は実質、detectMultiScaleメソッドの1行にすぎません。たったそれだけで顔認識ができるのです。これもOpenCVをはじめ、Pythonの充実したライブラリの大きな魅力のひとつでしょう。

detectMultiScale メソッドの引数 scaleFactor

 うまく顔を認識できなければ、この値を調整

　本書では 003.jpg で顔認識を行っていますが、もし自分で撮影した写真など他の画像を使ったなら、前節のコードではうまく認識できない可能性があります。その場合、顔の箇所なのに赤枠が引かれなかったり、逆に顔ではない箇所に赤枠が引かれたりしてしまいます。

　もしうまく顔が認識できなければ、まずは detectMultiScale メソッドの引数 scaleFactor に指定する値を調整してみましょう。引数 scaleFactor の役割は少々難しいのですが、どれだけ細かく縮小しながら顔認識を行うのかを決める数値です。画像の縮小は顔認識に必要な処理のひとつなのですが、その細かさを変えると、顔認識の精度が変わるようになっています。

　引数 scaleFactor は 1 より大きい小数を指定するよう決められています。既定値は 1.1 です。1 以下だとエラーになります。

　この引数は 1 に近い値になるほど、細かく縮小しながら認識を行うことになります。そのため、あまり大きな値を指定すると、認識モレが発生しやすくなります。逆にあまり小さな値にすると、誤認識が発生しやすくなります。この原則を踏まえ、以下のように値を調整してください。

- 顔の箇所なのに赤枠が引かれない（認識モレ）
  引数 scaleFactor の値を小さくする

- 顔ではない箇所に赤枠が引かれた（誤認識）
  引数 scaleFactor の値を大きくする

　ただし、残念ながら引数 scaleFactor には、どんな画像でも高精度で顔を認識できる絶対的な値はありません。同じ値でも、対象となる画像によって認識精度は変わります。現実的には大抵、実際に認識を実行しならが、目的の画像に応じて最適な値を試行錯誤して求めることになるでしょう。

detectMultiScale メソッドのその他の引数

　detectMultiScale メソッドには引数 scaleFactor 以外にも、調整可能な引数がいくつかあります。主な引数は以下です。いずれも省略可能であり、サンプル2ではすべて省略しています。

scaleFactor 以外の主な引数

引数名	概要
minNeighbors	近傍矩形の最低数
minSize	物体が取り得る最小サイズ
maxSize	物体が取り得る最大サイズ

　これらの詳しい解説は本書では割愛します。興味あれば、Web などで調べてみましょう。引数 scaleFactor と同じく、どんな画像でも高精度で顔を認識できる絶対的な値はありません。

Chapter 09

サンプル2のプログラムは ここもツボ

 ## 変数imgと変数grayを使い分ける理由

　サンプル2には変数imgと変数grayの2つが登場します。画像をカラーで開いて、変数imgにそのカラーのオブジェクトを格納してから、グレースケールに変換し、変数grayに格納しています。

　わざわざ変数grayを用いなくても、グレースケール変換した画像を変数img自身に入れ直して（値を上書き）、処理に使ってもよさそうに思えます。しかし、顔認識は行えるものの、赤枠を引く処理と別名で保存する処理が作れなくなります。

　なぜなら、赤枠を引く対象はあくまでもカラー画像です。変数imgをグレースケールに変換して自身に入れ直すと、カラー画像ではなくなり、赤枠を引く対象が存在しなくなってしまいます。同じく別名で保存する対象もなくなります。一方、変数imgだけではChapter09-03で触れたように、カラー画像なので顔認識が適切に行えません。したがって、変数imgも変数grayも両方必要なのです。

もし変数imgしか使わないと…

カラー

003.jpg
img

変数img

003.jpgをカラーで開く

img = cv2.imread('photo¥¥003.jpg')

グレースケール

003.jpg
img

グレースケールに変換

img = cv2.cvtColor(img, cv2.COLOR_BGR2GRAY)

ここが変数grayではなく、変数imgだと、グレースケールに変換した画像を代入し直すことになる

あっ、グレースケールに変わっちゃった！

顔認識はそれでイイけど・・・

顔認識を実行

faces = cascade.detectMultiScale(img, scaleFactor=1.5)

グレースケール

003.jpg
img

認識した顔に赤枠を引く

cv2.rectangle(img, (x, y), (x + w, y + h), (0, 0, 255))

わわっ、グレースケールの画像に赤線を引くことになっちゃう！

別名で保存する処理はfor以下じゃダメ？

　また、for以下のブロックには以下のように「別名で保存するコードも入れちゃダメ？」と思ったかもしれません。

```
for (x, y, w, h) in faces:
    cv2.rectangle(img, (x, y), (x + w, y + h), (0, 0, 255))
    cv2.imwrite('photo¥¥003_face.jpg', img)
```

> インデントして、for以下に移動

　実際に上記のように記述して実行すると、ちゃんとすべての顔に赤枠が引かれた003_face.jpgが得られます。ただ、処理効率の面ではあまり好ましくありません。なぜでしょうか？

　cv2.imwrite関数のコードがfor以下のブロックに書かれていると、繰り返しの度に別名で保存する処理が実行されることになります。すると、繰り返しの1回目では、認識した1人目の顔の赤枠を引いたら、そのあとすぐに003_face.jpgの別名で保存します。この時点で003_face.jpgが新たに生成されます。その003_face.jpgには、1人の顔にのみ赤枠が引かれています。

　繰り返しの2回目では、2人目の顔の赤枠を引き、そのあと再び003_face.jpgの別名で保存します。結果として、003_face.jpgが上書き保存されます。繰り返しの3回目も同様に、3人目の顔に赤枠を引いた後、003_face.jpgを上書き保存します。

　このような処理の流れになるため、最終的な実行結果は、3人すべてに赤枠を引いた003_face.jpgが1つだけになります。しかし、その途中の1人目と2人目の時点で、別名で保存する処理は全く意味がありません。別名で保存する処理は本来、最後の3人目で1回だけ済むのに、1人目と2人目でも実行されてしまうため、処理にムダがあ

ります。それゆえ、処理効率の面であまり好ましくないのです。

別名で保存する処理がfor以下のブロックにあると…

```
for(x,y,w,h)infaces:
    cv2.rectangle(img,(x,y),(x+w,y+h),(0,0,255))
    cv2.imwrite('photo¥¥003_face.jpg',img)
```

forブロック内にある
と、繰り返される

ムダな
処理！

1回目

1人目の赤枠

別名で保存

003_face.jpg

2回目

2人目の赤枠

別名で保存

003_face.jpg

3回目

3人目の赤枠

別名で保存

003_face.jpg

このように意図通りの実行結果が得られても、処理効率の面でム
ダがないか常にチェックしてカイゼンしましょう。記述の重複と同
じく、実行時に処理の重複がないかもチェックしてください。初心
者になかなかハードルが高いことですが、処理にムダがないか意識
しておくだけで大きく違うものです。

\Column/

ユーザー定義関数　実装編

　Chapter06-04末のコラムで「ユーザー定義関数」の仕組みをザックリ紹介しました。本コラムでは、コードの書き方のキホンを解説します。ユーザー定義関数を定義する書式は以下です。

書式

```
def 関数名（引数）:
    処理
    return 戻り値
```

　「def」という文を使います。まずは「def」と半角スペースに続けて関数名を記述します。さらに「()」の中に引数を適宜指定します。変数のように任意の名前を指定することになります。複数ある場合はカンマ区切りで並べます。そして、「()」の後ろに「:」を記述します。

　def以下はインデントして、そのブロック内に関数の中身となる処理のコードを記述します。戻り値は「return」に続けて指定します。なお、引数と戻り値は省略可能です。つまり、引数なしの関数や戻り値なしの関数も定義できます。

　ユーザー定義関数を簡単な例を紹介します。まずは引数も戻り値もなしのユーザー定義関数です。関数名は「showmsg」とします。中身の処理は今回、文字列「こんにちは」と「さようなら」をそれぞれprint関数で出力するとします。わかりやすさを優先し、ごく単純な中身にしました。

　このユーザー定義関数のshowmsg関数を定義するコードは以下になります。

```
def showmsg():
    print('こんにちは')
    print('さようなら')
```

　上記書式に則り、関数名や中身処理を記述しています。引数はなしなので、

関数名の後ろは空のカッコになります。戻り値もないので、「return 戻り値」のコードはありません。単に文字列「こんにちは」と「さようなら」を出力するprint関数が2つ並ぶだけです。

　showmsg関数を呼び出して実行するには、まずは関数名を記述します。引数はなしなので、空のカッコを記述します。

```
showmsg()
```

　次の画面はshowmsg関数を定義し、2回続けて呼び出した例です。関数定義のコードのあとに、2回続けて呼び出すコードとして、「showmsg()」を2つ並べて記述しています。

showmsg関数を2回呼び出した結果

```
In [9]:  1  def showmsg():
         2      print('こんにちは')
         3      print('さようなら')
         4
         5  showmsg()
         6  showmsg()
こんにちは
さようなら
こんにちは
さようなら
```

　実行結果として、上記のように出力されています。最初の「こんにちは」の「さようなら」は、showmsg関数を1回目に呼び出して実行した結果です。そのあとの「こんにちは」の「さようなら」は、2回目に呼び出して実行した結果になります。

　ここで、上記のコードの処理の流れについて解説します。処理の流れのキホンは、Chapter02-01で解説したように"上から下"でした。命令文が上から順に実行される流れ（順次）になります。

　上記コードを上から見てみると、まず記述されているのはユーザー定義関数「showmsg」を定義するコードです。def文を使い、計3行にわたります。実はユーザー定義関数を定義するコードは、いくら上に書かれていても、最

初に実行されません。関数はあくまでも、呼び出された時点で実行される仕組みだからです。

　上記の例のコードでは、showmsg関数を定義するコードの下に、同関数を呼び出すコード「showmsg()」が2つ記述してあります。このコードがいわゆる"メインの処理"になります。実行する際は、ここが処理の流れのスタート地点となります。言い換えると、ユーザー定義関数を定義するコードを除き、一番上に記述されているコードから処理が始まるのです。

ユーザー定義関数を用いたコードの処理の流れ

　なお、「showmsg()」のコードをインデントして記述しないよう気を付けてください。インデントしてしまうと、showmsg関数の中身と見なされてしまい、目的の処理が作れなくなってしまいます。

　次は引数と戻り値があるユーザー定義関数の例です。関数名は「addnum」とし、引数は「boo」と「foo」の2つとします。

　関数の中身では、その両引数を足して、その結果を戻り値として返すとします。具体的なコードは以下です。

```
def addnum(boo, foo):
    val = boo + foo
    return val
```

　関数名の後ろのカッコ内に、2つの引数booとfooを記述しています。そして、関数の中身では、2つの引数booとfooを足した結果はいったん変数valに代入し、それをreturnで返すようにしています。

これでユーザー定義関数「addnum」が呼び出して使えるようになります。たとえば次の画面では、「print(addnum(1, 2))」と「print(addnum(3, 4))」というコードで2回呼び出しています。次の画面のように、それぞれ、第1引数boo、第2引数fooに渡す数値をカンマ区切りで並べて指定しています。

　実行すると、それぞれ指定した2つの引数を足した値が戻り値として得られます。その値をprint関数で出力した結果として、3と7が出力されています。

引数と戻り値ありのユーザー定義関数の例

```
In [14]:    1  def addnum(boo, foo):
            2      val = boo + foo
            3      return val
            4
            5  print(myfunc(1, 2))
            6  print(myfunc(3, 4))

            3
            7
```

おわりに

　いかがでしたか？　2つのサンプルの作成を通じて、Python
の実践的なプログラミングは身に付けられたでしょうか？　フ
クザツな機能のプログラムを作るとためのツボとコツは一通り
ご理解いただけたでしょうか？　顔認識というAIのプログラム
をゼロから自力で作り上げられた経験は、とても自信がついた
のではないでしょうか。

　あとは「さらなる実践あるのみ！」です。自動化したいパソコ
ンの作業などについて、本書で体験したように、まずは各切り
口に応じて段階分けし、プログラムを段階的に作り上げていく
経験をたくさん積んでください。

　その際、意図通り動作するプログラムを一発では作れず、原
因となる箇所を発見し、修正する作業を何度か繰り返すことに
なるでしょう。これは中級者以上でも何度も遭遇するものなの
で、メゲずにPDCAサイクルをどんどん回してください。その
ような試行錯誤の積み重ねによって、実践力が着実に伸びてい
きます。

　また、並行して、本書や前著で登場した以外の文や関数、メ
ソッドをはじめとする知識も、他の書籍やWebサイトを活用し
つつ広げていくとよいでしょう。その過程でも本書での学習と
同様に、暗記を重視するのではなく、段階的に作り上げていく
ノウハウに基づき、PDCAサイクルをどんどん回すことに注力
しください。

　読者のみなさんのPythonの実践力アップに、本書が少しでも
お役に立てれば幸いです。

索引

著者略歴

立山　秀利（たてやま　ひでとし）

フリーライター。1970 年生まれ。

筑波大学卒業後、株式会社デンソーでカーナビゲーションのソフトウェア開発に携わる。

退社後、Web プロデュース業を経て、フリーライターとして独立。現在は『日経ソフトウエア』で Python の記事等を執筆中。『図解！ Python のツボとコツがゼッタイにわかる本 "超" 入門編』『Excel VBA のプログラミングのツボとコツがゼッタイにわかる本』『VLOOKUP 関数のツボとコツがゼッタイにわかる本』『図解！ Excel VBA のツボとコツがゼッタイにわかる本 "超" 入門編』（秀和システム）、『入門者の Excel VBA』『実例で学ぶ Excel VBA』『入門者の Python』（いずれも講談社）など著書多数。

Excel VBA セミナーも開催している。

セミナー情報　http://tatehide.com/seminar.html

・Excel 関連書籍

『Excel VBA で Access を操作するツボとコツがゼッタイにわかる本』

『Excel VBA のプログラミングのツボとコツがゼッタイにわかる本』

『続 Excel VBA のプログラミングのツボとコツがゼッタイにわかる本』

『続々 Excel VBA のプログラミングのツボとコツがゼッタイにわかる本』

『Excel 関数の使い方のツボとコツがゼッタイにわかる本』

『デバッグ力でスキルアップ！ Excel VBA のプログラミングのツボとコツがゼッタイにわかる本』

『VLOOKUP 関数のツボとコツがゼッタイにわかる本』

『図解！ Excel VBA のツボとコツがゼッタイにわかる本 "超" 入門編』

『図解！ Excel VBA のツボとコツがゼッタイにわかる本　プログラミング実践編』

・Access 関連書籍

『Access のデータベースのツボとコツがゼッタイにわかる本 2013/2010 対応』

『Access マクロ &VBA のプログラミングのツボとコツがゼッタイにわかる本』

カバーイラスト　mammoth.

図解！
Pythonのツボとコツが
ゼッタイにわかる本
プログラミング実践編

発行日　2021年 4月 5日　　　　　第1版第1刷

著　者　立山　秀利

発行者　斉藤　和邦
発行所　株式会社　秀和システム
　　　　〒135-0016
　　　　東京都江東区東陽2-4-2　新宮ビル2F
　　　　Tel 03-6264-3105（販売）　　Fax 03-6264-3094
印刷所　三松堂印刷株式会社

ISBN978-4-7980-6132-0 C3055

定価はカバーに表示してあります。
乱丁本・落丁本はお取りかえいたします。
本書に関するご質問については、ご質問の内容と住所、氏名、
電話番号を明記のうえ、当社編集部宛FAXまたは書面にてお
送りください。お電話によるご質問は受け付けておりませんの
であらかじめご了承ください。